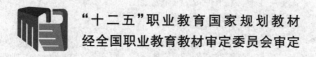

"十二五"职业教育国家规划教材
经全国职业教育教材审定委员会审定

高职高专计算机项目/任务驱动模式教材

Visual C#程序设计与软件项目实训

郑 伟 谭恒松 主编

电子工业出版社
Publishing House of Electronics Industry
北京·BEIJING

内 容 简 介

本书项目对编程环境要求不高，所以也适合以 Visual Studio 2005、Visual Studio 2008，甚至 Visual Studio 2012 为集成开发环境的教学。本书配套丰富的立体化教学资源，以适应编程环境的变化。

本书从实战的角度出发，设计了 5 个教学项目和 1 个实训项目。学习项目包括用户登录程序、四则运算计算器、客户问卷调查程序、酒店客房管理系统和基于三层架构的企业人事工资管理系统。书中对每个项目的每个功能模块都有代码分析，既使初学者都能读懂，并给出了需要完善的工作，方便教与学。实训项目中列出了 5 个备选题目，作为读者实训的项目。

本书可作为应用型本科和高职高专院校程序设计类课程教材使用，也可以作为培训机构的培训教材，还可以作为编程爱好者以及从事编程工作的开发人员的参考书。

本书提供丰富的教学资源，欢迎读者登录 http://www.zjcourse.com/visualc 课程网站获取相关教学资源，并可以加入学习交流 QQ 群：165989732。

未经许可，不得以任何方式复制或抄袭本书之部分或全部内容。
版权所有，侵权必究。

图书在版编目（CIP）数据

Visual C#程序设计与软件项目实训/郑伟，谭恒松主编. —北京：电子工业出版社，2015.1
ISBN 978-7-121-24612-8

Ⅰ.①V… Ⅱ.①郑… ②谭… Ⅲ.①C 语言－程序设计－高等职业教育－教材 Ⅳ.①TP312

中国版本图书馆 CIP 数据核字（2014）第 245316 号

责任编辑：束传政　　　　　特约编辑：徐　堃　张晓雪
印　　刷：三河市鑫金马印装有限公司
装　　订：三河市鑫金马印装有限公司
出版发行：电子工业出版社
　　　　　北京市海淀区万寿路 173 信箱　邮编 100036
开　　本：787×1092　1/16　印张：17.25　字数：432 千字
版　　次：2015 年 1 月第 1 版
印　　次：2018 年 11 月第 5 次印刷
定　　价：38.00 元

凡所购买电子工业出版社图书有缺损问题，请向购买书店调换。若书店售缺，请与本社发行部联系，联系及邮购电话：(010) 88254888。
质量投诉请发邮件至 zlts@phei.com.cn，盗版侵权举报请发邮件至 dbqq@phei.com.cn。
服务热线：(010) 88258888。

前言

C#是微软公司开发的一种面向对象的编程语言，是微软.NET 开发环境的重要组成部分。而 Microsoft Visual C#是微软公司开发的 C#编程集成开发环境，是为生成在.NET Framework 上运行的多种应用程序而设计的。C#可以开发常见的 Web 应用程序和 Windows 应用程序。它以其简单、易用的编程界面以及高效的代码编写方式深受广大编程人员的欢迎。

学习语言的目的是为了开发项目。对于初学者来说，在学习基础知识后，要想能独立开发项目，还存在一定的难度。本书就是为了帮助读者解决这个问题而编写的。书中的所有项目都是 WinForm 项目，对每个项目的代码都有分析，关键代码都给出解释，并标注出来。特别是在项目 4 和项目 5 中，每个子模块使用哪些方法、哪些变量，关键代码有哪些，本模块已完成哪些工作，还有哪些工作需要完成，都有详尽的分析，非常适合各类读者学习，不会因为代码太多而失去耐心。

一、本书内容

本书总共有 6 个项目。最后 1 个项目是软件项目实训，给出了 5 个系统供读者选择；前 5 个项目循序渐进，难度逐步加大。

项目 1　用户登录程序。通过一个简单的用户登录程序，使读者熟悉 Visual Studio 2010 编程环境，掌握 Windows 窗体应用程序的创建步骤，掌握窗体、标签、文本框及按钮的基本使用方法。

项目 2　四则运算计算器。通过设计一个简单四则运算计算器和一个复杂的四则运算计算器，主要介绍 C#基础知识，包括常量、变量、数据类型、运算符与表达式、条件判断语句及循环语句。

项目 3　客户问卷调查程序。通过设计一个客户问卷调查程序，使读者掌握单选按钮、复选框、列表框、组合框以及分组控件的使用。

项目 4　酒店客房管理系统。项目包括系统开发的全过程，主要有系统功能总体设计、建立系统数据库、创建公共类、系统详细设计。项目中对每个功能模块都有代码分析，即使初学者都能读懂，并给出了需要完善的工作，方便教与学。

项目 5　基于三层架构的企业人事工资管理系统。详尽介绍如何开发一个基于三层架构的 WinForm 项目，并且对三层架构的原理进行了清晰的讲解，简单易懂。

项目 6　软件项目实训。给出了 5 个题目供读者选择。

二、如何使用

虽然书中编写的项目都是在 Visual Studio 2010 编程环境下运行的，但由于这些项目对编程环境要求不高，所以本书可以作为以 Visual Studio 2005、Visual Studio 2008，甚至 Visual Studio 2012 为编辑环境的教材，只是界面有所改变。

本书配套网站为：http://www.zjcourse.com/visualc/，学习交流 QQ 群号：165989732。

1. 教学资源

序号	资源名称	表现形式与内涵
1	课程标准（教学大纲）	Word 电子文档，包含课程定位、课程目标要求、课程教学内容、学时分配等内容，可供教师备课时用
2	授课计划	Word 电子文档，是教师组织教学的实施计划表，包括具体的教学进程、授课内容、授课方式等
3	教学设计	Word 电子文档，是指导教师如何实施课堂教学的参考文档
4	PPT 课件	RAR 压缩文档，是提供给教师和学习者的教与学课件，可直接使用
5	考核方案	Word 电子文档，对课程提出考核建议，指导课程考核
6	实训指导书	Word 电子文档
7	学习指南	Word 电子文档，提供学习的建议
8	学习视频	形式多样，有直接视频文件，也有参考网址
9	项目源码	RAR 压缩文档，包括本书所有项目的源码
10	学生作品	RAR 压缩文档，提供部分学生优秀作品，供读者参考
11	参考资源	Word 电子文档，提供其他学习 C# 的资源，包括一些网络链接等

虽然提供了项目源代码，但不会给教师的教学带来不利影响。本书为每个项目都配有相应的拓展要求，大项目的每个功能模块都有需要完善的具体要求，并且实训内容密切结合上课内容，对学生的要求也是适当和准确的。

2. 课时安排

如果只有 60 课时左右，项目 5 可以不学，安排其他时间自学。参考课时安排如下表所示。

序号	教学内容	合计课时
1	项目 1 用户登录程序	4
2	项目 2 四则运算计算器	8
3	项目 3 客户问卷调查程序	4
4	项目 4 酒店客房管理系统	32
5	项目 6 软件项目实训	16
	合　计	64

如果课时比较充裕，可以安排学习项目 5，适当调整项目 5 和项目 6 的时间。参考课时安排如下表所示。

序号	教学内容	合计课时
1	项目 1 用户登录程序	4
2	项目 2 四则运算计算器	8
3	项目 3 客户问卷调查程序	4
4	项目 4 酒店客房管理系统	32
5	项目 5 基于三层架构的企业人事工资管理系统	32
6	项目 6 软件项目实训	16
	合　计	96

三、本书特色

（1）**技术丰富**。本书涉及多项技术，这些技术都是针对读者最关心的问题而精心挑选出来的，也是最流行的，如三层架构等。

（2）**讲解到位**。本书剖析每个项目，对项目的代码进行分析，详尽而到位。

（3）**配套资源丰富**。本书配有专门的资源网站，提供一整套教学资源，方便教与学。整套项目源代码都将提供，读者不用担心做不出项目。

（4）**方便教与学**。本书虽然提供了整套项目源代码，但对每个项目都有拓展要求，特别是两个大项目，对每个功能模块都有待完善工作，方便教与学。

四、读者人群

（1）应用型本科、高职高专院校的老师和学生。

（2）培训机构的老师和学员。

（3）C#编程爱好者。

（4）从事C#编程的开发人员。

五、致谢

本书由潍坊职业学院的郑伟、浙江工商职业技术学院的谭恒松担任主编，滨州职业学院的劳飞、辽宁轻工职业学院的崔鹏、扬州市职业大学的朱福珍担任副主编。参加本书编写工作的还有潍坊职业学院张建奎、刘红军、徐希炜等老师，浙江工商职业技术学院的黄崇本、韦存存、徐畅老师，以及中航机场设备有限公司的曹晶、青岛龙翼网络技术有限公司的蔡世颖、北京协软亚太科技有限公司的曲树波、华夏城视网络电视股份有限公司的魏罗燕等工程师，他们提出了许多宝贵的素材、意见和建议，特此向他们表示衷心的感谢！

由于时间和编者水平有限，书中不妥之处在所难免，希望广大读者批评指正。

编者
2014年5月

本书资源

目　录

项目1　用户登录程序 …………………………………………………………… 1
　　任务1.1　熟悉Visual Studio 2010编程环境 ……………………………………… 1
　　　　1.1.1　.NET框架（Framework）概述 ………………………………………… 1
　　　　1.1.2　Visual C#介绍 …………………………………………………………… 2
　　　　1.1.3　安装Visual Studio 2010 ………………………………………………… 3
　　　　1.1.4　熟悉Visual Studio 2010编程环境 ……………………………………… 9
　　任务1.2　设计用户登录程序 ……………………………………………………… 11
　　　　1.2.1　Windows窗体应用程序设计流程 ……………………………………… 11
　　　　1.2.2　窗体和基本控件的使用 ………………………………………………… 12
　　　　1.2.3　设计用户登录程序 ……………………………………………………… 13

项目2　四则运算计算器 ………………………………………………………… 19
　　任务2.1　熟悉C#基本语法 ……………………………………………………… 19
　　　　2.1.1　常量与变量 ……………………………………………………………… 19
　　　　2.1.2　数据类型 ………………………………………………………………… 20
　　　　2.1.3　运算符与表达式 ………………………………………………………… 21
　　　　2.1.4　流程控制语句 …………………………………………………………… 23
　　任务2.2　设计简单四则运算计算器 ……………………………………………… 28
　　　　2.2.1　设计简单四则运算计算器界面 ………………………………………… 28
　　　　2.2.2　编写简单四则运算计算器代码 ………………………………………… 30
　　　　2.2.3　异常处理 ………………………………………………………………… 32
　　任务2.3　设计复杂四则运算计算器 ……………………………………………… 34
　　　　2.3.1　设计复杂四则运算计算器界面 ………………………………………… 34
　　　　2.3.2　编写复杂四则运算计算器代码 ………………………………………… 35

项目3　客户问卷调查程序 ……………………………………………………… 40
　　任务3.1　熟悉常用控件的使用 …………………………………………………… 40
　　　　3.1.1　RadioButton控件 ………………………………………………………… 40
　　　　3.1.2　CheckBox控件 …………………………………………………………… 41
　　　　3.1.3　ListBox控件 ……………………………………………………………… 42
　　　　3.1.4　ComboBox控件 ………………………………………………………… 44
　　　　3.1.5　GroupBox控件 …………………………………………………………… 44
　　任务3.2　设计客户问卷调查程序 ………………………………………………… 45

  3.2.1 设计客户问卷调查程序界面 ……………………………………… 45
  3.2.2 编写客户问卷调查程序代码 ……………………………………… 47

项目 4 酒店客房管理系统 ……………………………………………………… 49

任务 4.1 系统功能总体设计 …………………………………………………… 49
  4.1.1 系统的功能结构设计 ……………………………………………… 49
  4.1.2 系统浏览 …………………………………………………………… 53

任务 4.2 建立系统数据库 ……………………………………………………… 60
  4.2.1 系统数据库结构 …………………………………………………… 60
  4.2.2 建立数据库 ………………………………………………………… 61
  4.2.3 建立数据表 ………………………………………………………… 64
  4.2.4 常用 SQL 语句 …………………………………………………… 65

任务 4.3 创建公共类 DBHelper ……………………………………………… 67
  4.3.1 面向对象程序设计概述 …………………………………………… 67
  4.3.2 ADO.NET 概述 …………………………………………………… 71
  4.3.3 Connection 对象 …………………………………………………… 73
  4.3.4 Command 对象 …………………………………………………… 74
  4.3.5 DataReader 对象 …………………………………………………… 75
  4.3.6 DataAdapter 和 Dataset 对象 …………………………………… 75
  4.3.7 创建公共类 DBHelper …………………………………………… 76

任务 4.4 系统详细设计 ………………………………………………………… 79
  4.4.1 用户登录功能模块设计 …………………………………………… 79
  4.4.2 主界面设计 ………………………………………………………… 81
  4.4.3 客房添加功能模块设计 …………………………………………… 89
  4.4.4 客房管理功能模块设计 …………………………………………… 92
  4.4.5 宾客登记功能模块设计 …………………………………………… 95
  4.4.6 宾客预订功能模块设计 …………………………………………… 100
  4.4.7 取消预订功能模块设计 …………………………………………… 104
  4.4.8 退房结算功能模块设计 …………………………………………… 107
  4.4.9 补交押金功能模块设计 …………………………………………… 112
  4.4.10 房态查询功能模块设计 ………………………………………… 115
  4.4.11 宾客查询功能模块设计 ………………………………………… 117
  4.4.12 预订查询功能模块设计 ………………………………………… 119
  4.4.13 添加用户功能模块设计 ………………………………………… 121
  4.4.14 管理用户功能模块设计 ………………………………………… 123

项目 5 基于三层架构的企业人事工资管理系统 ……………………………… 129

任务 5.1 系统功能总体设计 …………………………………………………… 129
  5.1.1 系统的功能结构设计 ……………………………………………… 129
  5.1.2 系统浏览 …………………………………………………………… 130

任务 5.2 建立系统数据库 ·················· 136
- 5.2.1 数据库结构 ·················· 136
- 5.2.2 建立数据库 ·················· 138
- 5.2.3 建立数据表 ·················· 140

任务 5.3 搭建三层架构框架 ·················· 142
- 5.3.1 三层架构概述 ·················· 142
- 5.3.2 搭建三层架构框架 ·················· 143
- 5.3.3 编写 Model 层代码 ·················· 157
- 5.3.4 动软代码生成器介绍 ·················· 167

任务 5.4 系统详细设计 ·················· 167
- 5.4.1 用户登录功能模块设计 ·················· 168
- 5.4.2 添加用户功能模块设计 ·················· 177
- 5.4.3 管理用户功能模块设计 ·················· 180
- 5.4.4 主界面设计 ·················· 183
- 5.4.5 添加部门功能模块设计 ·················· 189
- 5.4.6 管理部门功能模块设计 ·················· 198
- 5.4.7 添加员工功能模块设计 ·················· 202
- 5.4.8 管理员工功能模块设计 ·················· 214
- 5.4.9 添加工资功能模块设计 ·················· 219
- 5.4.10 管理工资功能模块设计 ·················· 232
- 5.4.11 添加考核功能模块设计 ·················· 237
- 5.4.12 管理考核功能模块设计 ·················· 249
- 5.4.13 员工查询功能模块设计 ·················· 254
- 5.4.14 考核查询功能模块设计 ·················· 256

任务 5.5 功能拓展 ·················· 259
- 5.5.1 功能总结 ·················· 259
- 5.5.2 功能拓展 ·················· 260

项目 6 软件项目实训 ·················· 261
- 题目 1 学生宿舍管理系统设计 ·················· 261
- 题目 2 企业设备管理系统设计 ·················· 262
- 题目 3 小区物业管理系统设计 ·················· 263
- 题目 4 药品管理系统设计 ·················· 263
- 题目 5 超市进销存管理系统设计 ·················· 264

参考文献 ·················· 265

项目 1 用户登录程序

项目知识目标

- 了解 .NET 框架及 C#语言
- 了解 Visual Studio 2010 的集成开发环境的安装
- 掌握 Visual Studio 2010 的集成开发环境的基本使用
- 掌握 Windows 窗体应用程序的创建步骤
- 掌握窗体、标签、文本框、按钮的基本属性、方法和事件

项目能力目标

- 能够应用 Visual Studio 2010 的集成开发环境开发一个简单程序
- 能够使用窗体、标签、文本框、按钮等基本控件

作为第一个项目,用户登录程序相对比较简单,主要功能是:用户输入正确的用户名和密码,程序进入新的窗体,并显示简单的欢迎信息。

任务 1.1 熟悉 Visual Studio 2010 编程环境

1.1.1 .NET 框架(Framework)概述

.NET Framework 是一个集成在 Windows 中的组件,它支持生成和运行下一代应用程序与 XML Web Services。.NET Framework 旨在实现下列目标:

(1)提供一个一致的面向对象的编程环境,无论对象代码是在本地存储和执行,还是在本地执行但在 Internet 上分布,或者是在远程执行的。

(2)提供一个将软件部署和版本控制冲突最小化的代码执行环境。

(3)提供一个可提高代码(包括由未知的或不完全受信任的第三方创建的代码)执行安全性的代码执行环境。

(4)提供一个可消除脚本环境或解释环境的性能问题的代码执行环境。

(5)使开发人员的经验在面对类型大不相同的应用程序(如基于 Windows 的应用程序和基于 Web 的应用程序)时保持一致。

(6)按照工业标准生成所有通信,以确保基于 .NET Framework 的代码可与任何其

他代码集成。

.NET Framework 具有两个主要组件：公共语言运行时和 .NET Framework 类库。公共语言运行时是 .NET Framework 的基础，公共语言运行时管理内存、线程执行、代码执行、代码安全验证、编译以及其他系统服务。这些功能是在公共语言运行时上运行的托管代码所固有的。.NET Framework 类库是一个综合性的面向对象的可重用类型集合，可以使用它开发多种应用程序，包括传统的命令行或图形用户界面（GUI）应用程序，也包括基于 ASP.NET 提供的最新创新的应用程序（如 Web 窗体和 XML Web Services）。

.NET Framework 环境如图 1-1 所示。

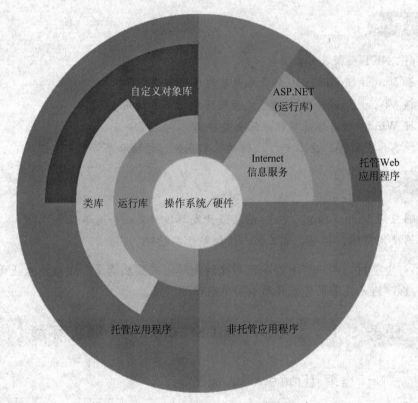

图 1-1 .NET Framework 环境

1.1.2 Visual C#介绍

C#（读作"C sharp"）是一种编程语言，它是为生成在 .NET Framework 上运行的各种应用程序而设计的。C#简单、功能强大、类型安全，而且是面向对象的。C#凭借在许多方面的创新，在保持 C 语言风格的表现力和雅致特征的同时，实现了应用程序的快速开发。

Visual C# 是微软对 C# 语言的实现。其中，Visual 这个术语是微软相关产品的一致性的"品牌名称"，一如微软的其他产品一样：Visual Basic、Visual C++。Visual Studio 通过功能齐全的代码编辑器、编译器、项目模板、设计器、代码向导、功能强大而易用的调试器以及其他工具，实现了对 Visual C# 的支持。通过 .NET Framework 类库,可以访问许多操作系统服务和其他有用的精心设计的类。这些类可显著加快开发周期。

C#语言主要有以下几个特点:

(1) 语法简洁,不允许直接操作内存,去掉了指针操作。

(2) 彻底的面向对象设计。C#具有面向对象语言应有的一切特性——封装、继承和多态。

(3) 与 Web 紧密结合。C#支持绝大多数 Web 标准,如 HTML、XML、SOAP 等。

(4) 强大的安全机制,可以消除软件开发中的常见错误(如语法错误)。.NET 提供的垃圾回收器能够帮助开发者有效地管理内存资源。

(5) 兼容性。因为 C#遵循.NET 的公共语言规范(CLS),从而保证能够与其他语言开发的组件兼容。

(6) 灵活的版本处理技术。因为 C#语言本身内置了版本控制功能,使得开发人员可以更容易地开发和维护。

(7) 完善的错误、异常处理机制。C#提供了完善的错误和异常处理机制,使程序在交付应用时能够更加健壮。

1.1.3 安装 Visual Studio 2010

Visual Studio 2010 能够开发的程序包括常见的 Visual C#、Visual Basic、Visual C++和 Visual J#等。Visual C#应用程序开发是 Visual Studio 2010 一个重要的组成部分。

安装 Visual Studio 2010 编程环境之前,首先应检查计算机硬件、软件系统是否符合要求。完全安装 Visual Studio 2010 编程环境后占用的空间大约是 8GB,所以在安装前,应确保有足够的硬盘空间。

将 Microsoft Visual Studio 2010 简体中文版安装光盘放入光驱,然后启动安装文件的 Setup.exe 文件,将弹出安装程序的主界面,如图 1-2 所示。

图 1-2　Visual Studio 2010 安装程序向导

在安装程序主界面上有以下两个选项：

（1）"安装 Visual Studio 2010"选项：单击此项可以安装 Visual Studio 2010 编程环境的功能和所需的组件。

（2）"检查 Service Release"选项：单击此项可以检查最新的 Service Release，以确保 Visual Studio 2010 的最佳功能。

首先，选择"安装 Microsoft Visual Studio 2010"选项，此时安装文件将向操作系统加载安装组件，如图 1-3 所示。当系统加载组件安装完成后，单击"下一步"按钮，如图 1-4 所示。

图 1-3　安装程序加载安装组件界面

图 1-4　加载组件完成界面

在如图 1-4 的界面中,单击"下一步"按钮,将进入软件许可界面,如图 1-5 所示。选中"我已阅读并接受许可条款(A)"单选按钮,并单击"下一步"按钮,进入"选择要安装的功能"界面,如图 1-6 所示。

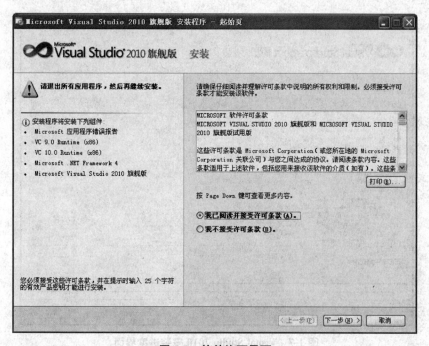

图 1-5 软件许可界面

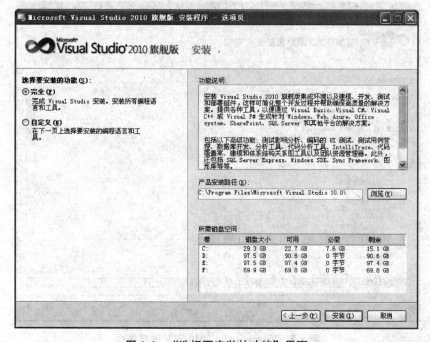

图 1-6 "选择要安装的功能"界面

Visual C#程序设计与软件项目实训

在选择安装功能界面中,可以选择"完全安装"或者"自定义安装"。这里选择"完全安装"。选中"完全"单选按钮,再单击"安装"按钮,进入安装进度界面,如图1-7和图1-8所示。

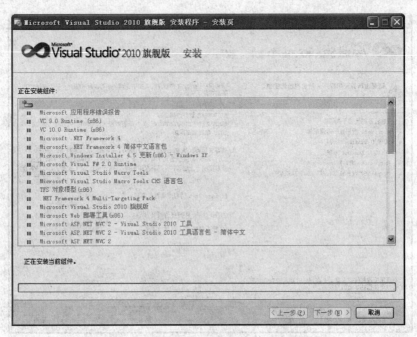

图1-7　Visual Studio 2010安装进度界面

图1-8　Visual Studio 2010安装进度界面

安装完成后，弹出完成提示界面，如图 1-9 所示。单击"完成"按钮，将完成Visual Studio 2010 的安装。

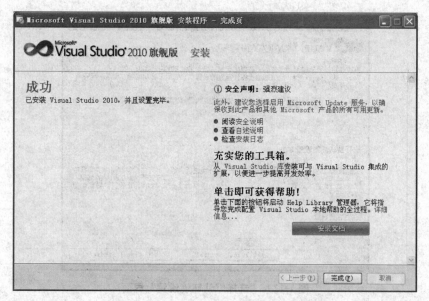

图 1-9　Visual Studio 2010 "完成安装"提示

安装成功后，在操作系统桌面环境中，选择"开始"菜单命令，然后选择"程序"→"Microsoft Visual Studio 2010"菜单项，再单击"Microsoft Visual Studio 2010"命令，启动 Visual Studio 2010 编程环境，如图 1-10 所示。

Visual Studio 2010 启动过程中会有界面提示，如图 1-11 所示。

图 1-10　Visual Studio 2010 启动步骤

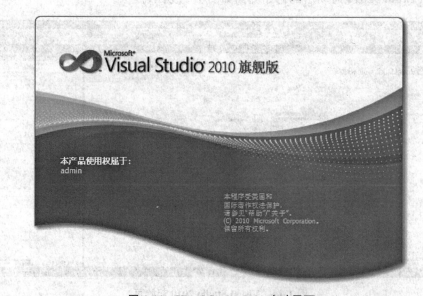

图 1-11　Visual Studio 2010 启动界面

第一次启动 Visual Studio 2010 编程环境，会有"选择默认环境设置"的提示。这里选择"Visual C#开发设置"，如图 1-12 所示，并单击"启动 Visual Studio（S）"按钮。

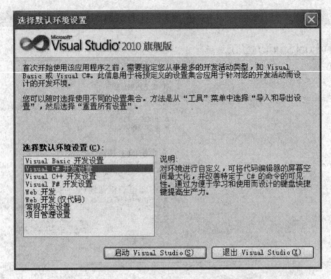

图 1-12 "选择默认环境设置"界面

在 Visual Studio 2010 启动过程中，有一个"启动提示"界面，如图 1-13 所示。

图 1-13 Visual Studio 2010 启动提示界面

Visual Studio 2010 启动后的初始界面如图 1-14 所示。

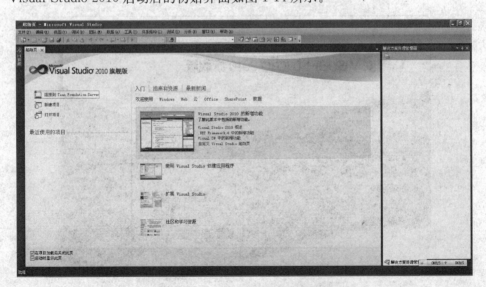

图 1-14 Visual Studio 2010 起始页

1.1.4 熟悉 Visual Studio 2010 编程环境

Visual Studio 是一套完整的开发工具集，用于生成 ASP.NET Web 应用程序、桌面应用程序等。Visual Basic、Visual C++、Visual C♯ 和 Visual F♯ 全都使用相同的集成开发环境（IDE）。利用此集成开发环境可以共享工具，且有助于创建混合语言解决方案。

Visual Studio 2010 集成开发环境由标题栏、菜单栏、工具栏、工具箱、项目设计区、浮动面板区组成，如图 1-15 所示。

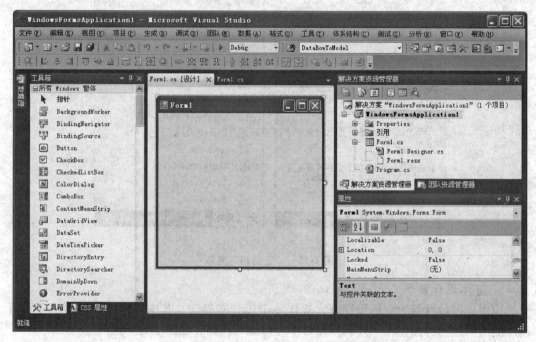

图 1-15　Visual Studio 2010 集成开发环境

1. 标题栏

标题栏位于窗口的最上方，作用和其他 Windows 窗口基本一样。标题栏显示项目的名称以及当前程序所处的状态。

2. 菜单栏

菜单栏中的菜单命令几乎包括了所有常用的功能，包括"文件"、"编辑"、"视图"、"项目"、"数据"、"工具"、"调试"、"测试"、"分析"、"窗口"和"帮助"等。其中，比较常用的"文件"菜单主要用来新建、打开、保存和关闭项目，"编辑"菜单主要用来剪切、复制、粘贴、删除、查找和替换程序代码，"视图"菜单主要是对各种窗口进行显示和隐藏，"调试"菜单主要用来调试程序。

3. 工具栏

工具栏提供了最常用的功能按钮。开发人员熟悉工具栏可以大大节省工作时间，提高工作效率。一般工具栏上面有"标准"工具栏和"布局"工具栏。"标准"工具栏将常用的操作命令以按钮的形式展现，"布局"工具栏将常用的"格式"菜单命令以按钮形式展现。

4. 工具箱

"工具箱"是 Visual Studio 2010 的重要工具,它提供了开发 Windows 应用程序所必需的控件。"工具箱"是一个浮动的树控件,与 Windows 资源管理器的工作方式非常类似。同时展开"工具箱"的多个段,整个目录树在"工具箱"窗口内部滚动。单击名称旁边的加号(+),展开"工具箱"的选项卡;单击名称旁边的减号(-),折叠一个已展开的选项卡,如图 1-16 所示。

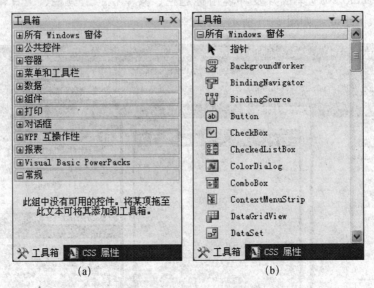

图 1-16 "工具箱"窗体

5. 窗体设计器和"代码"窗口

应用程序设计器为应用程序开发提供一个设计器界面。其中,窗体设计器用于设置程序的图形用户界面,在"代码"窗口中可以编写代码,如图 1-17 和图 1-18 所示。

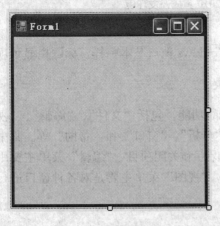
图 1-17 窗体设计器

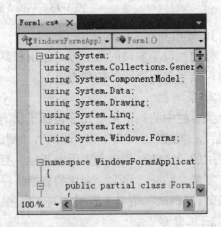
图 1-18 代码窗口

6. 解决方案资源管理器

解决方案资源管理器主要用于管理解决方案或项目。利用解决方案资源管理器,可以查看项并执行项管理任务,还可以在解决方案或项目上下文的外部处理文件。

解决方案资源管理器利用树型视图,如图 1-19 所示,提供项目及其文件的组织关系,并且提供对项目和文件相关命令的便捷访问。从该视图中可以直接打开项目项进行修改和执行其他管理任务。由于不同项目存储项的方式不同,解决方案资源管理器中的文件夹结构不一定反映出所列项的物理存储。与此窗口关联的工具栏提供适用于列表中突出显示项的常用命令。

7. 属性窗口

属性窗口用来查看和设置窗体等控件的属性以及事件,可以单击"视图"→"属性窗口"命令来打开。属性窗口如图 1-20 所示。

图 1-19　解决方案资源管理器

图 1-20　属性窗口

任务 1.2　设计用户登录程序

1.2.1　Windows 窗体应用程序设计流程

在 Visual Studio 2010 编程环境下开发 Visual C♯ Windows 应用程序一般有以下几个步骤。

1. 需求分析

根据实际应用需要,进行需求分析,确定需要设计程序具有什么样的功能,对应的功能需要什么样的控件来实现,以及需要编写什么样的代码等。

2. 新建 Windows 窗体应用程序项目

打开 Visual Studio 2010,新建一个 Visual C♯ Windows 应用程序。一个应用程序就是一个项目,或者叫"解决方案",用户根据所要创建的程序要求,选择合适的应用程序类型。

3. 布局程序界面

建立项目之后,根据程序的功能要求,在窗体上合理地布置控件,并调整到合适的大小和位置。

4. 设置对象的属性

布局好控件之后,要设置控件的外观以及初始状态,以满足程序的需要。可以打开"属性窗口"设置属性。

5. 编写代码

布局好控件并设置好控件的初始属性之后，就可以编写代码了。右击控件或窗体，通过"属性窗口"选择需要编写的事件，也可以直接进入代码界面编写代码。代码的编写将根据程序的需要来选择。

6. 运行调试程序

完成上述步骤后，就可以运行程序，并做测试，以便发现问题并及时修改。调试和改错是程序开发过程中非常重要的步骤，需要反复使用，以尽可能地优化程序。

7. 生成可执行文件

程序开发完成并正确运行后，需要将其生成可执行文件发布出去。

8. 部署应用程序

编写好的应用程序可以在 Visual Studio 2010 中部署，以自动创建安装文件。

1.2.2 窗体和基本控件的使用

在 Visual Studio 2010 中有许多控件，每个控件都有自己的属性、方法和事件。其中，属性是指对象所具有的一些可描述的特点，如大小、颜色等；方法是指系统事先提供的一种特殊的子程序，用来完成一定的操作，如文本框光标的定位等；事件是指对象对某些预定义的外部动作进行响应，如单击按钮、移动鼠标等。

1. 窗体（Form）

窗体（Form）是向用户显示信息的可视图面，是开发 Windows 桌面应用程序的基础。在窗体中可以放置其他控件，例如菜单控件、工具条控件等。

窗体有一些常用的属性、方法和事件，如表 1-1 所示。

表 1-1 窗体的常用属性、方法和事件

名称	说明
Name	设置窗体的名称
Text	设置窗体的标题
Size	设置窗体的大小
Icon	设置窗体的图标
WindowState	确定窗体的初始可视位置
StartPosition	确定窗体第一次出现时的位置
方法	说明
Close()	窗体关闭，释放所有资源。如窗体为主窗体，执行此方法，程序结束
Hide()	隐藏窗体，但不破坏窗体，也不释放资源，可用方法 Show() 重新打开
Show()	显示窗体
事件	说明
Load	在窗体显示之前发生，可以在其事件处理函数中做一些初始化的工作
FormClosing	窗体关闭时，将触发窗体的 FormClosing 事件

2. 标签（Label）控件

标签控件用来显示一行文本信息，但文本信息不能编辑，常用来输出标题、显示处理结果和标记窗体上的对象。标签一般不用于触发事件。Label 控件常用属性如表 1-2 所示。

表 1-2 Label 控件常用属性

名称	说明
Text	显示的字符串
AutoSize	控件大小是否随字符串大小自动调整，默认值为 false，不调整
ForeColor	Label 显示的字符串颜色
Font	字符串使用的字体，包括所使用的字体名、字体的大小、字体的风格等

3. 按钮（Button）控件

用户单击按钮，触发单击事件，在单击事件处理函数中完成相应的工作。按钮（Button）控件的常用属性和事件如表 1-3 所示。

表 1-3 按钮（Button）控件的常用属性和事件

属性	说明
Text	按钮表面的标题
事件	说明
Click	用户单击触发的事件，一般称作单击事件

4. 文本框（TextBox）控件

TextBox 控件是用户输入文本的区域，也叫文本框。TextBox 控件的常用属性和事件如表 1-4 所示。

表 1-4 TextBox 控件常用的属性和事件

属性	说明
Text	用户在文本框中输入的字符串
MaxLength	单行文本框最大输入字符数
ReadOnly	布尔变量。若为 true，文本框不能编辑
PasswordChar	字符串类型，允许输入一个字符。如输入一个字符，用户在文本框中输入的所有字符都显示这个字符。一般用来输入密码
MultiLine	布尔变量。若为 true，多行文本框；若为 false，单行文本框
ScrollBars	MultiLine=true 时有效，有 4 种选择：=0，无滚动条；=1，有水平滚动条；=2，有垂直滚动条；=3，有水平和垂直滚动条
事件	说明
TextChanged	文本框中的字符发生变化时，发出的事件
Enter	当文本框成为窗体的活动控件时发生
Leave	当文本框不再是窗体的活动控件时发生

1.2.3 设计用户登录程序

1. 要求

设计一个用户登录界面，对用户输入的用户名和密码进行验证。假设正确的用户名为"admin"，密码为"admin"。如果用户名和密码验证成功，将进入登录后界面。用户登录界面如图1-21所示，用户登录后界面如图1-22所示。

图1-21 用户登录界面

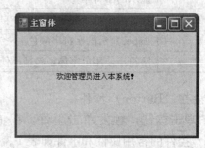

图1-22 登录成功后的界面

2．设计步骤

（1）新建项目。启动Visual Studio 2010，在"文件"菜单下，选择"新建"菜单的下级菜单"项目"，在弹出的"新建项目"对话框中选择"Windows窗体应用程序"，然后设置项目的名称和保存路径，如图1-23所示。

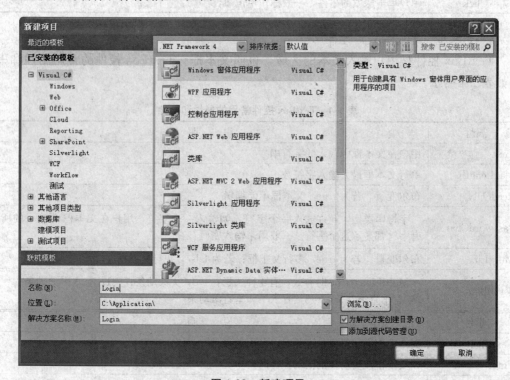

图1-23 新建项目

（2）设计界面。进入工具箱，将相应的控件拖拽到窗体上，设置各控件的属性。界面效果如图1-21所示，具体的控件属性设置参考表1-5。

虽然表1-5中将Form1的Name属性设置为"frmLogin"，但在解决方案资源管理器中文件名仍然为"Form1"，如图1-24所示。为了使窗体的命名规范，可以对窗体重命名，如图1-25和图1-26所示，将Form1窗体重命名为"frmLogin"。

表 1-5　登录窗体控件属性设置

控件名称	属性	属性值
Label1	Name	lblUser
	Text	用户名：
Label2	Name	lblPassword
	Text	密码：
textBox1	Name	txtUser
textBox2	Name	txtPassword
	PasswordChar	*
button1	Name	btnLogin
	Text	登录
button2	Name	btnCancel
	Text	取消
Form1	Name	frmLogin
	Text	用户登录
	Size	300，250

图 1-24　解决方案资源管理器

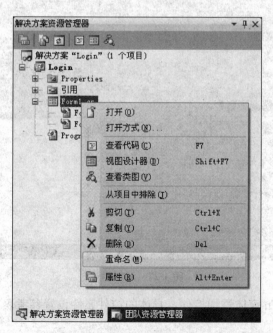

图 1-25　执行"重命名"命令

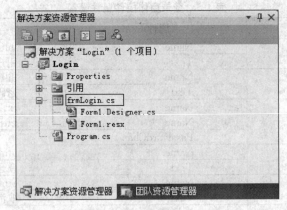

图 1-26 重命名窗体

(3) 添加第二个窗体。右击项目 "Login"，在弹出的快捷菜单中选择"添加"→"Windows 窗体"命令，如图 1-27 所示，将出现添加新的 Windows 窗体的向导"添加新项"窗口，将第二个窗体命名为 "frmMain"，如图 1-28 所示。

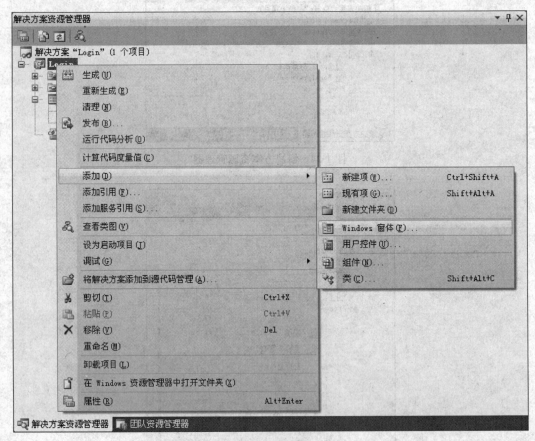

图 1-27 添加窗体

同样，对 frmMain 窗体添加控件，具体的控件属性设置参考表 1-6。

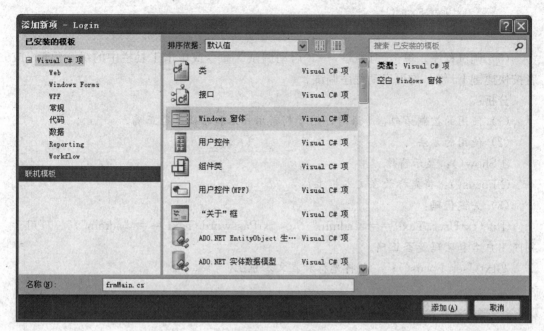

图 1-28 添加新项

表 1-6 登录窗体控件属性设置

控件名称	属性	属性值
Label1	Name	lblWelcome
	Text	欢迎管理员进入本系统!
frmMain	Text	主界面
	Size	414, 300

(4) 编写代码。

在 frmLogin 窗体中,双击"登录"按钮,进入该按钮的单击事件,编写代码。

```
private void btnLogin_Click(object sender, EventArgs e)
{
    if (txtUser.Text == "admin" && txtPassword.Text == "admin")
    {
        frmMain frmMain1 = newfrmMain();
        frmMain1.Show();
    }
}
```

双击"取消"按钮,进入该按钮的单击事件,编写代码。

```
private void btnCancel_Click(object sender, EventArgs e)
{
    txtUser.Text = "";
    txtPassword.Text = "";
```

```
            txtUser.Focus();
        }
```

(5) 调试程序。单击"调试"→"启动调试"命令或单击工具栏中的绿三角▶，或者按快捷键 F5 键，均可启动程序调试。

分析：

(1) 使用的控制语句：if 语句，用于判断用户名和密码是否正确。

(2) 使用的方法：

①Show()：显示窗体。

②Focus()：将光标放在文本框上。

(3) 关键代码：

①if (txtUser.Text == "admin" && txtPassword.Text == "admin")   //用于判断用户名和密码是否正确。

②txtUser.Focus();   //将光标放在文本框上。

项目总结

本项目设计制作了一个用户登录模块。通过本项目，让读者掌握在 Visual Studio 2010 编程环境中编写 C# Windows 应用程序的方法及流程，以及简单控件的使用方法。

本项目主要涉及的知识：

(1) Visual Studio 2010 编程环境

(2) 窗体

(3) 标签（Label）控件

(4) 按钮（Button）控件

(5) 文本框（TextBox）控件

自我拓展

读者可以根据本项目的设计情况，试着编写一个简单的猜数字对错的程序，即通过用户的输入，程序给出大或者小的提示，直到用户猜到正确的数字为止，并记录用户猜的次数。

项目 2　四则运算计算器

项目知识目标

- 掌握变量的使用方法
- 熟悉 Visual C#语言的数据类型
- 掌握运算符和表达式的使用方法
- 掌握流程控制语句使用方法
- 掌握方法的使用方法

项目能力目标

- 能够熟练应用控制语句编制复杂程序
- 能够对程序进行调试

本项目设计制作一个简单四则运算计算器和一个复杂四则运算计算器。

任务 2.1　熟悉 C#基本语法

2.1.1　常量与变量

1. 常量

1）常量的含义

常量是指在程序运行的过程中，其值保持不变的量。C#的常量包括符号常量、数值常量、字符常量、字符串常量和布尔常量等。

2）常量的声明

符号常量一经声明就不能在任何时候改变其值。在 C#中，采用 const 语句来声明常量，其语法格式为：

const<数据类型> <常量名> = <表达式> …

说明：

<常量名>遵循标识符的命名规则，一般采用大写字母。

表达式由数值、字符、字符串常量及运算符组成，也可以包括前面定义过的常量，

但是不能使用函数调用，例如：

```
const int MIN = 30; //声明常量MAX, 代表30, 整型
const float PI = 3.14F; //声明常量PI, 代表3.14, 单精度型
```

如果多个常量的数据类型是相同的，可在同一行中声明这些常量，声明时用逗号将它们隔开，例如：

```
const int NUM1 = 50, NUM2 = 100, NUM3 = 200;
```

2. 变量

1) 变量的定义

变量是在程序运行的过程中，其值可以改变的量。它表示数据在内存中的存储位置。每个变量都有一个数据类型，以确定哪些数据类型的数据能够存储在该变量中。

C#是一种数据类型安全的语言，编译器总是保证存储在变量中的数据具有合适的数据类型。

2) 变量的声明

在C#中，声明变量的语法格式为：

<数据类型> <变量名> = <表达式> …

说明：

<变量名>遵循C#合法标识符的命名规则；

[= <表达式>] 为可选项，可以在声明变量时给变量赋一个初值（即变量的初始化），例如：

```
float x = 5.5; //声明单精度型变量X, 并赋初值5.5
```

等价于

```
float x;
x = 5.5;
```

一行可以声明多个相同类型的变量，且只需指定一次数据类型，变量与变量之间用逗号隔开，例如：

```
int num1 = 1, num2 = 8;
```

2.1.2 数据类型

任何一门编程语言都有基本的数据类型。同样，C#也有一些基本的数据类型。Visual C#的数据类型分为3类：数值类型、引用类型和指针类型。指针类型仅在不安全代码中使用。数值类型主要包括int、char、float、bool、byte、decimal、double、struct等常用类型，引用类型包括类类型、接口类型、委托类型、dynamic类型、object类型、string类型。

C#的主要数据类型如表2-1所示。

表2-1 C#的主要数据类型

数据类型	大小	说明
bool	8	逻辑值，true或者false，默认值为false
byte	8	无符号的字节，所存储的值的范围是0~255，默认值为0

续表

数据类型	大小	说明
sbyte	8	带符号的字节,所存储的值的范围是－128~127,默认值为 0
char	16	无符号的 16 位 Unicode 字符,默认值为'\0'
decimal	128	不遵守四舍五入规则的十进制数,默认值为 0.0m
double	64	双精度的浮点类型,默认值为 0.0d
float	32	单精度的浮点类型,默认值为 0.0f
int	32	带符号的 32 位整型,默认值为 0
uint	32	无符号的 32 位整型,默认值为 0
long	64	带符号的 64 位整型,默认值为 0
ulong	64	无符号的 64 位整型,默认值为 0
short	16	带符号的 16 位整型,默认值为 0
ushort	16	无符号的 16 位整型,默认值为 0
string		指向字符串对象的引用,0~大约 20 亿个 Unicode 字符,默认值为 null
object	32	指向类实例的引用,默认值为 null

2.1.3 运算符与表达式

程序设计语言中的运算符是指数据间进行运算的符号。参与运算的数据称为操作数。把运算符和操作数按照一定规则连接起来就构成了表达式。操作符指明作用于操作数的操作方式。操作数可以是一个常量、变量,或者是另一个表达式。

与 C 语言一样,如果按照运算符所作用的操作数个数来分,C#语言的运算符分为以下几种类型:

(1) 一元运算符:作用于一个操作数,例如－x、＋＋x、x－－等。
(2) 二元运算符:对两个操作数进行运算,例如 x＋y。
(3) 三元运算符:只有一个,即 x？y：z。

1. 算术运算符

算术运算符用于对操作数进行算术运算。C#中的算术运算符如表 2-2 所示。

表 2-2 算术运算符

名称	运算符	描述与实例
加法运算符	＋	运算对象为整型或实型,如 3＋2、6.5＋6、＋5
减法运算符	－	运算对象为整型或实型,如 10－5、9.0－5、－8
乘法运算符	*	运算对象为整型或实型,如 a*b、6*5.0
除法运算符	/	运算对象为整型或实型,如 "5.0/10",结果为 0.5 如果整数相除,则结果应是整数,如 "7/5" 和 "6/4" 结果都为 1
模运算符	%	也称求余运算符,运算对象为整型,即 "%" 运算符两边的操作数必须是整型,如 "8％3" 的结果为 2
自增运算符	＋＋	后缀格式:i＋＋,相当于 i＝i＋1;运算规则:先使用 i 后再加 1 前缀格式:＋＋i,相当于 i＝i＋1;运算规则:先加 1 后再使用

续表

名称	运算符	描述与实例
自减运算符	--	后缀格式：i--，相当于i=i-1；运算规则：先使用i后再减1 前缀格式：--i，相当于i=i-1；运算规则：先减1后再使用

2. 关系运算符

关系运算符用来比较两个表达式的值，比较结果是逻辑值 true 或 false。C#的关系运算符如表 2-3 所示。

表 2-3 关系运算符

运算符	操作	结果（假设 x，y 是某相应类型的操作数）
>	x>y	如果 x 大于 y，则为 true，否则为 false
>=	x>=y	如果 x 大于等于 y，则为 true，否则为 false
<	x<y	如果 x 小于 y，则为 true，否则为 false
<=	x<=y	如果 x 小于等于 y，则为 true，否则为 false
==	x==y	如果 x 等于 y，则为 true，否则为 false
!=	x!=y	如果 x 不等于 y，则为 true，否则为 false

3. 逻辑运算符

逻辑运算符用来组合两个或多个表达式，其运算结果是一个逻辑值 true 或 false。C#的逻辑运算符如表 2-4 所示。

表 2-4 逻辑运算符

名称	运算符	描述
逻辑与	&&	运算符两边的表达式的值均为 true 时，结果为 true；否则结果为 false
逻辑或	||	运算符两边的表达式的值均为 false 时，结果为 false；否则结果为 true
逻辑非	!	将运算对象的逻辑值取反。若表达式的值为 true，则"! 表达式"的值为 false，否则结果为 true

4. 赋值运算符

赋值运算符用于将一个数据赋给一个变量。C#的赋值运算符如表 2-5 所示。

表 2-5 赋值运算符

运算符	赋值表达式示例	结果（设变量 a 的初始值为 2）
=	a=2（把值2赋给变量a）	a=2
+=	a+=4	a=6（相当于 a=a+4）
-=	a-=1	a=1（相当于 a=a-1）
*=	a*=2	a=4（相当于 a=a*2）
/=	a/=2	a=1（相当于 a=a/2）

5. 条件运算符

条件运算符"? :"是一个三元运算符，即有 3 个运算对象。条件运算符的一般格

式为:

表达式1？表达式2：表达式3

6. 运算符的优先级

C#语言运算符的详细分类及操作符从高到低的优先级顺序如表2-6所示。

表 2-6 操作符的优先级顺序与结合性

优先级	运算符类型	运算符
由高到低	括号	( )
	一元运算符	++、--、!、+（正号）、-（负号）
	算术运算符	*、/、%
		+、-
	关系运算符	<、<=、>、>=
		==、!=
	逻辑运算符	&&
		||
	条件运算符	？：
	赋值运算符	=、+=、-=、*=、/=、%=

2.1.4 流程控制语句

1. 常见流程控制语句

常见的流程控制语句主要有顺序、分支和循环语句。其中，分支主要使用if语句和switch语句，循环语句主要包含for语句和while语句。常见的流程控制语句如图2-1所示。

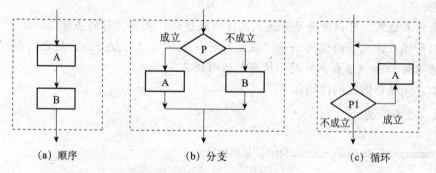

(a) 顺序　　　　　　　(b) 分支　　　　　　　(c) 循环

图 2-1 程序设计的三种控制流程

2. 条件判断语句

if语句也称为选择语句或条件判断语句，它根据布尔类型的表达式的值选择要执行的语句。

1) 只有一个分支的if语句

只有一个分支的if语句是最简单的条件判断语句，语法格式如下：

if (<条件表达式>)
　{
　<语句组>

}

说明：

<条件表达式>可以是关系表达式或逻辑表达式，表示执行的条件，运算结果是一个 bool 值（true 或 false）。

<语句组>可以是一条语句，也可以是多条语句。当只有一条语句时，花括号（{}）可以省略，但不提倡这么做。

例如：

```
if (n % 2 = = 0)
{
    MessageBox.Show(n.ToString() + "是偶数");
}
```

2）有两个分支的 if 语句

有两个分支的 if…else 语句的语法格式如下：

```
if (<条件表达式>)
{
    <语句组 1>
}
else
{
    <语句组 2>
}
```

说明：

<条件表达式>可以是关系表达式或逻辑表达式，表示执行的条件。

当<条件表达式>的值为 true（成立）时，执行<语句组 1>；反之，当<条件表达式>的值为 false（不成立）时，执行<语句组 2>。

例如，判断奇偶数的代码如下：

```
if (n % 2 = = 0)
{
    MessageBox.Show(n.ToString() + "是偶数");
}
else
{
    MessageBox.Show(n.ToString() + "是奇数");
}
```

3）if 语句的嵌套

if 语句的嵌套是指<语句组 1>或<语句组 2>中又包含 if 语句的情况，其形式为：

```
if (<条件表达式 1>)
{
```

```
    if（<条件表达式 2>）
}
else
{
}
```

4）嵌套格式 else if

如果程序中出现了多层的 if 语句嵌套，会使得程序结构很不清晰，从而使代码的可读性很差。在这种情况下，应该使用 if 语句的嵌套格式 else if 来编写代码，使程序简明易懂。

if 语句的嵌套格式 else if 语法格式如下：

```
if（<条件表达式 1>）
    <语句组 1>
[else if（<条件表达式 2>）
    <语句组 2>]
[else if（<条件表达式 n>）
    <语句组 n>]
[else
    <语句组 n+1>]
```

说明：

else 子句与 else if 子句都是可选项，可以放置多个 else if 子句，但必须放置在 else 子句之前。

其执行过程为：先测试<条件表达式 1>。如成立，执行<语句组 1>；否则，依次测试 else if 的条件。若成立，执行相应的语句组；如果都不成立，执行 else 子句的<语句组 n+1>。

嵌套格式 else if 语句使用示例如下：

```
if (n % 2 == 0)
{
    MessageBox.Show(n.ToString() + "是偶数");
}
else if (n % 2 == 1)
{
    MessageBox.Show(n.ToString() + "是奇数");
}
else
{
    MessageBox.Show(n.ToString() + "既不是偶数,也不是奇数");
}
```

5）switch 语句

使用 if 语句的嵌套可以实现多分支选择，但仍然不够快捷。为此，C#提供了多分支选择语句 switch 来实现，其语法格式如下：
```
switch (<表达式>)
{
    case <常量表达式 1>:
        <语句组 1>
        break;
    case <常量表达式 2>:
        <语句组 2>
        break;
    case <常量表达式 n>:
        <语句组 n>
        break;
    [default:
        <语句组 n + 1>
        break;]
}
```

说明：

<表达式>为必选参数，一般为变量。

<常量表达式>是用于与<表达式>匹配的参数，只可以是常量表达式，不允许使用变量或者有变量参与的表达式。

<语句组>不需要使用花括号（{}）括起来，而是使用 break 语句来表示每个 case 子句的结尾。

default 子句为可选项。

多分支 switch 语句的执行过程如下：

首先，计算<表达式>的值。

然后，用<表达式>的值与 case 后面的<常量表达式>去逐个匹配。若发现相等，执行相应的语句组。

如果<表达式>的值与任何一个<常量表达式>都不匹配，在有 default 子句的情况下，执行 default 后面的<语句组 n + 1>；若没有 default 子句，则跳出 switch 语句，执行 switch 语句后面的语句。

使用 switch 语句改写判断奇偶的代码如下所示：

```
switch (n % 2)
{
    case 0:
        MessageBox.Show(n.ToString() + "是偶数");
        break;
    case 1:
        MessageBox.Show(n.ToString() + "是奇数");
        break;
```

```
        default:
            MessageBox.Show(n.ToString() + "既不是偶数, 也不是奇数");
            break;
}
```

3. 循环语句

1) for 循环语句

在一般的程序设计语言中,for 语句用于确定循环次数的循环结构;但在 C、C++ 和 C# 中,for 语句是最灵活的一种循环语句。它不仅用于确定循环次数的循环,也用于不确定循环次数的循环。

通常情况下,for 语句按照指定的次数执行循环体,循环执行的次数由一个变量来控制,通常把这种变量称为循环变量。for 语句的语法格式为:

for ([<表达式1>]; [<表达式2>]; [<表达式3>])
{
    <循环体>
}

说明:

<表达式1>、<表达式2>、<表达式3>均为可选项,但其中的分号(;)不能省略。

<表达式1>仅在进入循环之前执行一次,通常用于循环变量的初始化。如"i = 0",i 为循环变量。

<表达式2>为循环控制表达式。当该表达式的值为 true 时,执行循环体;为 false 时,跳出循环。通常是循环变量的一个关系表达式,如"i <= 10"。

<表达式3>通常用于修改循环变量的值,如"i++"。

<循环体>即重复执行的操作块。

for 语句的使用示例如下:

```
    int i;
    int sum = 0;
    for (i = 0; i <= 10; i++)
    {
        sum += i;
    }
```

2) while 循环语句

与 for 语句一样,while 语句也是 C# 的一种基本循环语句,常常用来解决根据条件执行循环而不关心循环次数的问题。while 语句的语法格式为:

while (<表达式>)
{
    <循环体>
}

说明:

(1) <表达式>为循环条件,一般为关系表达式或逻辑表达式,例如 i <= 10。

(2) ＜循环体＞即反复执行的操作块。

将前面介绍的 for 语句使用示例改写成 while 语句，代码如下：

```
int i = 0;
int sum = 0;
while (i <= 10)
{
    sum += i;
    i++;
}
```

3) do...while 循环语句

do...while 语句类似于 while 语句，是 while 语句的变形，两者的区别在于 while 语句把循环条件的判断置于循环体执行之前，而 do...while 语句把循环条件放在循环体执行之后。do...while 语句的语法格式为：

```
do
{
    ＜循环体＞
} while (＜表达式＞);
```

说明：

＜循环体＞即反复执行的操作块。

＜表达式＞为循环条件，一般为关系表达式或逻辑表达式。

在"while（＜表达式＞）"之后，应加上一个分号（;），否则将发生编译错误。

将前面介绍的 while 语句使用示例改写成 do...while 语句，代码如下：

```
int sum = 0;
do
{
    sum += i;
    i++;
} while (i <= 10);
```

任务 2.2　设计简单四则运算计算器

2.2.1　设计简单四则运算计算器界面

1. 要求

设计一个计算器，要求具有简单的运算功能，能进行两个操作数的"＋"、"－"、"＊"、"/"运算。计算器的运行效果如图 2-2 所示。

2. 设计步骤

（1）新建项目。启动 Visual Studio 2010，在"文件"菜单下，选择"新建"菜单的下

图 2-2　简单四则计算器界面

级菜单"项目",在弹出的"新建项目"对话框中选择"Windows 窗体应用程序",然后设置项目的名称和保存路径,如图 2-3 所示,项目名称为"SimpleCalculator"。

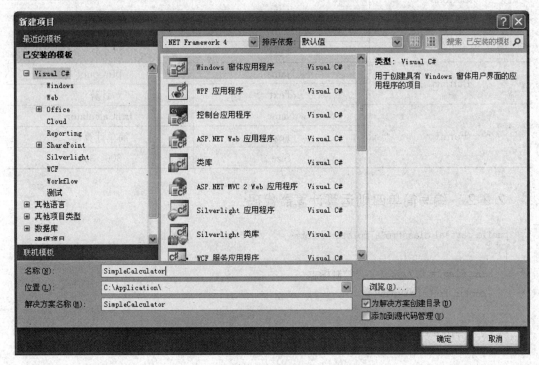

图 2-3　新建项目

(2) 设计界面。进入工具箱,将相应的控件拖拽到窗体上,然后设置各控件的属性。界面效果如图 2-2 所示,具体的控件属性设置参考表 2-7。

表 2-7 简单计算器控件属性设置

控件名称	属性	属性值
Label1	Name	lblNumber1
	Text	第一个数：
Label2	Name	lblNumber2
	Text	第二个数：
Label3	Name	lblResult
	Text	结果：
textBox1	Name	txtNumber1
textBox2	Name	txtNumber2
textBox3	Name	txtResult
button1	Name	btnAdd
	Text	＋
Button2	Name	btnSubtract
	Text	－
Button3	Name	btnMultiply
	Text	＊
Button4	Name	btnDivide
	Text	／
Button5	Name	btnCount
	Text	计算
Form1	Name	frmCalculator
	Text	简单计算器
	Size	300，300

2.2.2 编写简单四则运算计算器代码

```
public partial classfrmCalculator : Form
{
    int flag = 0;//定义一个控制标志
    public frmCalculator()
    {
        InitializeComponent();
    }
    //按下加号按钮后设置 flag 值
    private void btnAdd_Click(object sender,EventArgs e)
    {
        flag = 1;
    }
    //按下减号按钮后设置 flag 值
```

```csharp
private void btnSubtract_Click(object sender,EventArgs e)
{
    flag = 2;
}
//按下乘号按钮后设置flag值
private void btnMultiply_Click(object sender, EventArgs e)
{
    flag = 3;
}
//按下除号按钮后设置flag值
private void btnDivide_Click(object sender,EventArgs e)
{
    flag = 4;
}
//按下计算按钮后进行计算
private void btnCount_Click(object sender, EventArgs e)
{
    double number1 = double.Parse(txtNumber1.Text);//定义一个变量接收第一个文本框的值
    double number2 = double.Parse(txtNumber2.Text);//定义一个变量接收第二个文本框的值
    double result = 0;//定义一个变量存储计算的结果
    if (flag == 1)
    {
        result = number1 + number2;
    }
    if (flag == 2)
    {
        result = number1 - number2;
    }
    if (flag == 3)
    {
        result = number1 * number2;
    }
    if (flag == 4)
    {
        result = number1 / number2;
    }
    txtResult.Text = result.ToString();//将结果输出到第三个文本框中
}
}
```

分析：

1. 使用的变量

(1) flag：控制标志。

(2) number1：用于接收第一个文本框的值。

(3) number2：用于接收第二个文本框的值。

(4) result：存运算的结果。

2. 关键代码

(1) int flag = 0;   //定义一个控制标志。

(2) double number1 = double.Parse（txtNumber1.Text）;   //定义一个变量接收第一个文本框的值。

(3) double number2 = double.Parse（txtNumber2.Text）;   //定义一个变量接收第二个文本框的值。

(4) double result = 0;   //定义一个变量存储计算的结果。

(5) if (flag == 1)   //判断是否单击了"＋"号。

(6) if (flag == 2)   //判断是否单击了"－"号。

(7) if (flag == 3)   //判断是否单击了"＊"号。

(8) if (flag == 4)   //判断是否单击了"/"号。

(9) txtResult.Text = result.ToString();   //将结果输出到第三个文本框中。

2.2.3 异常处理

1. 异常处理概述

1) 异常处理

异常处理通常是防止未知错误产生所采取的处理措施。异常处理的好处是用户不必绞尽脑汁考虑各种错误，为处理某一类错误提供了一个很有效的方法，使编程效率大大提高。异常可以由公共语言运行库（CLR）、第三方库或使用 throw 关键字的应用程序代码生成。

异常处理功能提供了处理程序运行时出现的任何意外或异常情况的方法。异常处理使用 try、catch 和 finally 关键字来尝试可能未成功的操作，处理失败，以及在事后清理资源。

异常语句主要有下面几种：

(1) throw 语句，人为发出异常信息。在自定义对象中往往使用它来自定义异常。

(2) try...catch 语句，尝试捕获异常，并处理异常。

(3) try...finally 语句，尝试捕获异常，并执行一些代码。finally 中的语句将被执行。

(4) try...catch...finally 语句，尝试捕获异常并处理异常，同时执行一些代码。

在应用程序遇到异常情况（如被零除情况或内存不足警告）时，就会产生异常。发生异常时，控制流立即跳转到关联的异常处理程序（如果存在）。如果给定异常没有异常处理程序，程序将停止执行，并显示一条错误信息。可能导致异常的操作，可通过 try 关键字来执行。异常处理程序是在异常发生时执行的代码块。在 C# 中，catch 关键字用于定义异常处理程序。程序可以使用 throw 关键字显式地引发异常。异常对象包含有关错误的详细信息，其中包括调用堆栈的状态以及有关错误的文本说明。即使引发了异常，finally 块中的代码也会执行，从而使程序释放资源。

2) 常见异常类

系统提供了常见的异常信息。这些异常可以当成对象来处理，也可以当成是一种类型来使用，且都派生自 Exception 类。表 2-8 列出了常见的异常类。

表 2-8 常见异常类

异常类	说　　明
ArithmeticException	因算术运算、类型转换或转换操作中的错误而引发的异常
ArrayTypeMismatchException	当尝试在数组中存储类型不正确的元素时引发的异常
DivideByZeroException	试图用零除整数值或十进制数值时引发的异常
IndexOutOfRangeException	尝试访问索引超出数组界限的数组元素时引发的异常
InvalidCastException	因无效类型转换或显式转换引发的异常
NullReferenceException	尝试取消引用空对象引用时引发的异常
OutOfMemoryException	没有足够的内存继续执行程序时引发的异常
OverflowException	在选中的上下文中所进行的算术运算、类型转换或转换操作导致溢出时引发的异常
StackOverflowException	因包含的嵌套方法调用过多而导致执行堆栈溢出时引发的异常
TypeInitializationException	作为类初始值设定项引发的异常包装而引发的异常

2. 改进简单四则运算计算器

使用 try…catch…finally 改进简单四则运算计算器代码。

改进的计算按钮代码如下：

```
private void btnCount_Click(object sender,EventArgs e)
{
    double result = 0;//定义一个变量存储计算的结果
    try
    {
        double number1 = double.Parse(txtNumber1.Text);//定义一个变量接收第一个文本框的值
        double number2 = double.Parse(txtNumber2.Text);//定义一个变量接收第二个文本框的值

        if (flag = = 1)
        {
            result = number1 + number2;
        }
        if (flag = = 2)
        {
            result = number1 - number2;
        }
        if (flag = = 3)
        {
            result = number1 * number2;
        }
        if (flag = = 4)
        {
```

```
                result = number1 / number2;
            }
        }
        catch (Exception ex)
        {
            MessageBox.Show(ex.ToString());
        }
        finally
        {
            txtResult.Text = result.ToString();//将结果输出到第三个文本框中}
}
```

运行程序，输入测试数据，如图 2-4 所示。

图 2-4 程序运行界面

单击"计算"按钮，程序不会出错，出现提示界面，程序继续运行，如图 2-5 所示。

图 2-5 出错提示界面

任务 2.3 设计复杂四则运算计算器

2.3.1 设计复杂四则运算计算器界面

参照简单四则运算计算器程序的创建过程，创建一个名为"Calculator"的程序，设计如图 2-6 所示的复杂四则运算计算器界面。

规范化命名好各个控件的属性，即可编写代码。

图 2-6 复杂四则运算计算器的界面

2.3.2 编写复杂四则运算计算器代码

1. 定义窗体的公共变量

```
string str, opp, opp1;
double num1, num2, result;
```

2. 编写数字键的单击事件，数字键"0"～"9"的事件都是一个

```
private void number(object sender,EventArgs e)
{
    Button b = (Button)(sender);//实例化按钮对象
    str = b.Text;
    if (txtOutput.Text == "0")//判断是否按下为"0"的按钮
    {
        txtOutput.Text = str;
    }
    else
        txtOutput.Text = txtOutput.Text + str;
}
```

3. 编写"＋、－、*、/、＝"操作符键的单击事件

```
private void operator1(object sender,EventArgs e)
{
    Button b = (Button)(sender);//实例化按钮对象
    if (b.Text == "+")//判断是否按下加号
    {
        num1 = double.Parse(txtOutput.Text);
        txtOutput.Text = "";
        opp = "+";
        opp1 = "";
    }
    else if (b.Text == "-")//判断是否按下减号
```

```csharp
{
    num1 = double.Parse(txtOutput.Text);
    txtOutput.Text = "";
    opp = "-";
    opp1 = "";
}
else if (b.Text == "*")//判断是否按下乘号
{
    num1 = double.Parse(txtOutput.Text);
    txtOutput.Text = "";
    opp = "*";
    opp1 = "";
}
else if (b.Text == "/")//判断是否按下除号
{
    num1 = double.Parse(txtOutput.Text);
    txtOutput.Text = "";
    opp = "/";
    opp1 = "";
}
else if (b.Text == "=")//判断是否按下等号
{
    if (opp1 != "=")
    {
        num2 = double.Parse(txtOutput.Text);
    }
    if (opp == "+")
    {
        num1 = num1 + num2;
        txtOutput.Text = "" + num1.ToString();
    }
    else if (opp == "-")
    {
        num1 = num1 - num2;
        txtOutput.Text = "" + num1.ToString();
    }
    else if (opp == "*")
    {
        num1 = num1 * num2;
        txtOutput.Text = "" + num1.ToString();
    }
    else if (opp == "/")
    {
```

```csharp
            if (num2 == 0)//判断第二个数是否为零
            {
                txtOutput.Text = "除数不能为零";
            }
            else
            {
                num1 = num1 / num2;
                txtOutput.Text = "" + num1.ToString();
            }
        }
        opp1 = "=";
    }
}
```

4. 编写操作符键"退格←、CE、C、sqrt、%、1/x、+/−、."等按钮的单击事件

```csharp
private void operator2(object sender,EventArgs e)
{
    Button b = (Button)(sender);//实例化按钮对象
    if (b.Text == ".")//判断是否按下"."
    {
        str = txtOutput.Text;
        int index = str.IndexOf(".");
        if (index == -1)
        {
            txtOutput.Text = str + ".";
        }
    }
    else if (b.Text == "退格<--")//判断是否按下退格符
    {
        if (txtOutput.Text != "")
        {
            str = txtOutput.Text;
            str = str.Substring(0, str.Length - 1);
            txtOutput.Text = str;
        }
    }
    else if (b.Text == "CE")//判断是否按下"CE"
    {
        txtOutput.Text = "0";
    }
    else if (b.Text == "C")//判断是否按下"C"
    {
```

```csharp
            result = num1 = num2 = 0;
            str = null;
            opp = null;
            txtOutput.Text = "0";
        }
        else if (b.Text == "sqrt")//判断是否按下"sqrt"
        {
            num1 = double.Parse(txtOutput.Text);
            result = Math.Sqrt(num1);
            txtOutput.Text = result.ToString();
        }
        else if (b.Text == "1/x")//判断是否按下"1/x"
        {
            num1 = double.Parse(txtOutput.Text);
            result = 1 / num1;
            txtOutput.Text = result.ToString();
        }
        else if (b.Text == "%")//判断是否按下"%"
        {
            num1 = double.Parse(txtOutput.Text);
            result = num1 / 100;
            txtOutput.Text = result.ToString();
        }
        opp1 = "";
    }
```

分析：

1. 使用的变量
(1) str：存储 0~9 的数字。
(2) opp：存储加、减、乘、除操作符号。
(3) opp1：控制连续单击等号加的数字。
(4) num1：存储第一个数。
(5) num2：存储第二个数。
(6) result：存储结果。

2. 关键代码
(1) string str,opp,opp1;   //定义变量用于控制。
(2) double num1,num2,result;   //定义变量存储第一个数、第二个数和结果。
(3) Button b = (Button)(sender);   //实例化一个按钮对象。
(4) if (opp1 != "=")   //控制连续单击等号。

项目总结

本项目设计制作一个简单的四则运算计算器程序和一个复杂四则运算计算器。通过本项目，使读者熟悉 Visual C♯ 语言的数据类型，掌握变量、运算符与表达式的使用方法，并能够熟练应用控制语句编制复杂程序。

本项目主要涉及的知识：

（1）常量与变量
（2）数据类型
（3）运算符与表达式
（4）流程控制语句

自我拓展

读者可以根据本项目的设计制作方法，参考操作系统提供的计算器，设计制作一个科学计算器，参考界面如图 2-7 所示（可以不设计菜单）。

图 2-7 科学计算器界面

项目3　客户问卷调查程序

项目知识目标

- 掌握 RadioButton 控件的使用方法
- 掌握 CheckBox 控件的使用方法
- 掌握 ListBox 控件的使用方法
- 掌握 ComboBox 控件的使用方法
- 掌握 GroupBox 控件的使用方法

项目能力目标

- 能够应用常用的控件开发简单的 Windows 应用程序
- 能够对程序进行调试

本项目使用 C# 设计一个简单的客户问卷调查程序。通过完成项目，使读者掌握单选按钮、复选框、列表框、组合框以及分组控件的使用方法。

任务 3.1　熟悉常用控件的使用

3.1.1　RadioButton 控件

RadioButton 是单选按钮控件，多个 RadioButton 控件可以为一组。一组内的 RadioButton 控件只能有一个被选中，即按钮之间相互制约。

表 3-1 列出了 RadioButton 控件的常用属性和事件。

表 3-1　RadioButton 控件的常用属性和事件

属性	说　明
Checked	用来设置或返回单选按钮是否被选中。选中时，值为 true；没有选中时，值为 false
Text	用来设置或返回单选按钮控件内显示的文本
事件	说　明
Click	当单击单选按钮时，把单选按钮的 Checked 属性值设置为 true，同时发生 Click 事件
CheckedChanged	当 Checked 属性值更改时，将触发 CheckedChanged 事件。可做开关处理

例如,利用单选按钮调查客户性别,效果图如图 3-1 所示。

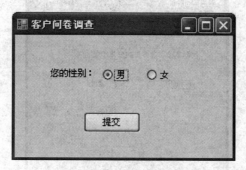

图 3-1　单选按钮效果

提交按钮的代码如下:

```
private void btnOK_Click(object sender,EventArgs e)
{
    if (radioButton1.Checked == true)
    {
        MessageBox.Show("您的性别为:" + radioButton1.Text);
    }
    if (radioButton2.Checked == true)
    {
        MessageBox.Show("您的性别为:" + radioButton2.Text);
    }
}
```

3.1.2　CheckBox 控件

CheckBox 控件通常称为复选框,主要用于多项选择。表 3-2 列出了 CheckBox 控件的常用属性和事件。

表 3-2　CheckBox 控件的常用属性和事件

属性	说　　明
TextAlign	用来设置控件中文字的对齐方式
Checked	用来设置或返回复选框是否被选中。值为 true 时,表示复选框被选中;值为 false 时,表示复选框没被选中。当 ThreeState 属性值为 true 时,中间态也表示选中
Text	用来设置或返回复选框相关联的文本
事件	说　　明
Click	当单击单选按钮时,将把单选按钮的 Checked 属性值设置为 true,同时发生 Click 事件
CheckedChanged	当 Checked 属性值更改时,将触发 CheckedChanged 事件。可做开关处理

例如,调查客户对公司业务员的总体印象,效果图如图 3-2 所示。

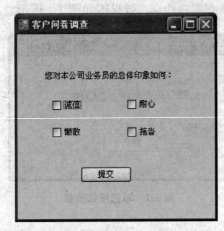

图 3-2 多选按钮效果

提交按钮的代码如下:

```
private void btnOK_Click(object sender, EventArgs e)
{
    string info = "";
    if (checkBox1.Checked = = true)
    {
        info = checkBox1.Text;
    }
    if (checkBox2.Checked = = true)
    {
        info = info + checkBox2.Text;
    }
    if (checkBox3.Checked = = true)
    {
        info = info + checkBox3.Text;
    }
    if (checkBox4.Checked = = true)
    {
        info = info + checkBox4.Text;
    }
    MessageBox.Show("您对业务员总体印象为:" + info);
}
```

3.1.3 ListBox 控件

ListBox 控件通常称为列表框控件,主要用于展示下拉列表。列表框列出所有供选择的选项,用户可从中选择一个或多个选项。表 3-3 列出了常用属性、方法和事件。

表 3-3 ListBox 控件的常用属性、方法和事件

属性	说明
Items	存储 ListBox 中的列表内容，是 ArrayList 类对象，元素是字符串
SelectedIndex	所选择的条目的索引号，第一个条目索引号为 0。如允许多选，该属性返回任意一个选择的条目的索引号。如一个也没选，该值为 −1
SelectedIndices	返回所有被选条目的索引号集合，是一个数组类对象
SelectedItem	返回所选择的条目的内容，即列表中选中的字符串。如允许多选，该属性返回选择的索引号最小的条目。如一个也没选，该值为空
SelectedItems	返回所有被选条目的内容，是一个字符串数组
SelectionMode	确定可选的条目数，以及选择多个条目的方法。属性值可以是：none（可以不选或选一个）、one（必须而且只选一个）、MultiSimple（多选）或 MultiExtended（用组合键多选）
Sorted	表示条目是否以字母顺序排序。默认值为 false，不允许
方法	说明
GetSelected()	参数是索引号。如该索引号被选中，返回值为 true
事件	说明
SelectedIndexChanged	当索引号（即选项）被改变时发生的事件

例如，将客户姓名左右互换，效果图如图 3-3 所示。

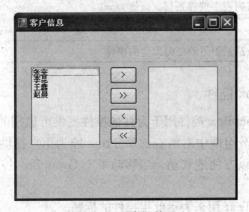

图 3-3 列表框效果

主要代码如下：

```
//左边列表框选择项移动到右边列表框
listBox2.Items.Add(listBox1.SelectedItem);
listBox1.Items.Remove(listBox1.SelectedItem);

////左边所有项移动到右边
listBox2.Items.AddRange(listBox1.Items);
listBox1.Items.Clear();
```

同理，将右边列表框的内容移动到左边列表框，代码基本类似。

3.1.4 ComboBox 控件

控件 ComboBox 中有一个文本框,可以在文本框输入字符,其右侧有一个向下的箭头。单击此箭头,打开一个列表框,可以从列表框选择希望输入的内容。通常称之为组合框控件。

ComboBox 控件的常用属性和事件如表 3-4 所示。

表 3-4 ComboBox 控件的常用属性和事件

属性	说 明
DropDownStyle	确定下拉列表组合框类型。为 Simple,表示文本框可编辑,列表部分永远可见。DropDown 是默认值,表示文本框可编辑,必须单击箭头才能看到列表部分。为 DropDownList,表示文本框不可编辑,必须单击箭头才能看到列表部分
Items	存储 ComboBox 中的列表内容,是 ArrayList 类对象,元素是字符串
MaxDropDownItems	下拉列表能显示的最大条目数(1~100)。如果实际条目数大于此数,将出现滚动条
Sorted	表示下拉列表框中的条目是否以字母顺序排序。默认值为 false,不允许
SelectedItem	所选择条目的内容,即下拉列表中选中的字符串。如一个也没选,该值为空。其实,属性 Text 也是所选择的条目的内容
SelectedIndex	编辑框所选列表条目的索引号,列表条目索引号从 0 开始。如果编辑框未从列表中选择条目,该值为-1
事件	说 明
SelectedIndexChanged	被选索引号改变时发生的事件

3.1.5 GroupBox 控件

Windows 窗体 GroupBox 控件用于为其他控件提供可识别的分组。通常,使用分组框按功能细分窗体。在分组框中对所有选项分组,能为用户提供逻辑化的可视提示,并且在设计时所有控件可以方便地移动。当移动单个 GroupBox 控件时,它包含的所有控件会一起移动。

GroupBox 控件的 Text 用来表示此组控件的标题。

例如,为调查客户性别窗体添加 GroupBox 控件,效果如图 3-4 所示。

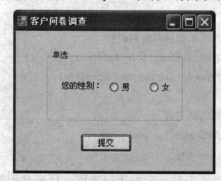

图 3-4 分组框效果

任务 3.2　设计客户问卷调查程序

3.2.1　设计客户问卷调查程序界面

1. 要求

设计一个客户问卷调查程序，用于调查客户的基本信息。客户问卷调查程序的界面如图 3-5 所示。

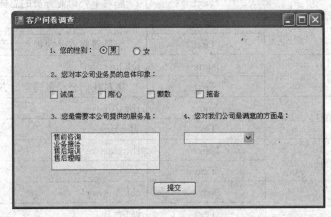

图 3-5　客户问卷调查程序界面

2. 设计步骤

（1）新建项目。启动 Visual Studio 2010，在"文件"菜单下，选择"新建"菜单的下级菜单"项目"，在弹出的"新建项目"对话框中选择"Windows 窗体应用程序"，然后设置项目的名称和保存路径，如图 3-6 所示。项目名称为"Customer"。

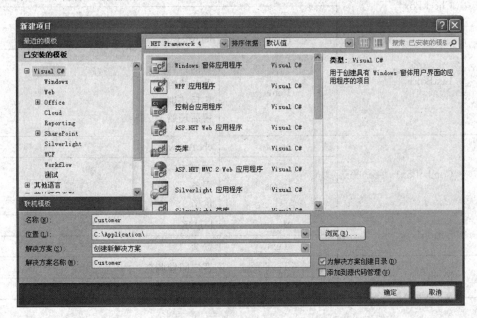

图 3-6　新建项目

(2) 设计界面。进入工具箱,将相应的控件拖拽到窗体上,然后设置各控件的属性。界面效果如图 3-5 所示,具体的控件属性设置参考表 3-5。

表 3-5 窗体控件属性设置

控件名称	属性	属性值
Label1	Name	lblQuestion1
	Text	1. 您的性别:
Label2	Name	lblQuestion2
	Text	2. 您对本公司业务员的总体印象:
Label3	Name	lblQuestion3
	Text	3. 您最需要本公司提供的服务是:
Label4	Name	lblQuestion4
	Text	4. 您对我们公司最满意的方面是:
RadioButton1	Name	rbtnAnswer1
	Text	男
RadioButton2	Name	rbtnAnswer2
	Text	女
CheckBox1	Name	chkAnswer1
	Text	诚信
CheckBox2	Name	chkAnswer2
	Text	耐心
CheckBox3	Name	chkAnswer3
	Text	懒散
CheckBox4	Name	chkAnswer4
	Text	拖沓
ListBox1	Name	lstAnswer
	Items	售前咨询 业务接洽 售后培训 售后理赔
ComboBox1	Name	cboAnswer
	Items	资讯 服务 价格
button1	Name	btnOK
	Text	提交
Form1	Text	客户问卷调查
	Size	546, 419

3.2.2 编写客户问卷调查程序代码

双击"提交"按钮,进入客户问卷调查程序的编程界面。在该按钮的单击事件中,代码如下:

```csharp
private void btnOK_Click(object sender,EventArgs e)
{
    string answers = "";
    if(rbtnAnswer1.Checked == true)
    {
        answers = "客户性别:" + rbtnAnswer1.Text;
    }
    if (rbtnAnswer2.Checked == true)
    {
        answers = "客户性别:" + rbtnAnswer2.Text;
    }
    if(chkAnswer1.Checked == true)
    {
        answers = answers + "\r\n" + "客户对业务员印象:" + chkAnswer1.Text;
    }
    if (chkAnswer2.Checked == true)
    {
        answers = answers + chkAnswer2.Text;
    }
    if (chkAnswer3.Checked == true)
    {
        answers = answers + chkAnswer3.Text;
    }
    if (chkAnswer4.Checked == true)
    {
        answers = answers + chkAnswer4.Text;
    }
    MessageBox.Show(answers + "\r\n" + "客户需要:" + lstAnswer.SelectedItem.ToString() + "\r\n" + "客户最满意:" + cboAnswer.Text ,"问卷调查结果");
}
```

分析:

1. 使用的变量

answers,存储问卷调查结果。

2. 关键代码

(1) if (rbtnAnswer1.Checked==true) //判断是否选了性别"男"。

(2) if (rbtnAnswer2.Checked == true) //判断是否选了性别"女"。

(3) if (chkAnswer1.Checked==true) //判断是否选了第一个复选框。

(4) if (chkAnswer2. Checked == true) //判断是否选了第二个复选框。
(5) if (chkAnswer3. Checked == true) //判断是否选了第三个复选框。
(6) if (chkAnswer4. Checked == true) //判断是否选了第四个复选框。
(7) MessageBox. Show (answers+"\r\n"+"客户需要:"
+ lstAnswer. SelectedItem. ToString ( ) +"\r\n"+"客户最满意:" + cboAnswer. Text,"问卷调查结果"); //输出调查结果。

项目总结

本项目设计了一个客户问卷调查程序，主要功能是对客户进行调查，然后输出调查结果。通过本项目，使读者掌握常用控件的使用方法，并能应用常用控件开发简单的程序。

本项目主要涉及的控件如下：
(1) RadioButton 控件
(2) CheckBox 控件
(3) ListBox 控件
(4) ComboBox 控件
(5) GroupBox 控件

自我拓展

客户问卷调查程序较为简单，读者可以根据学习情况，对该程序进行功能拓展。
(1) 需要判断列表框是否选中选项，请拓展代码。
(2) 需要判断组合框是否选中选项，请拓展代码。
(3) 读者可以根据本项目提供的方法，设计制作一个关于汽车文化的问卷调查程序。

项目 4　酒店客房管理系统

项目知识目标

- 掌握 Windows 窗体应用程序的创建方法
- 掌握应用系统数据库设计方法
- 掌握 ADO.NET 的应用方法
- 掌握类的设计方法
- 掌握应用系统的设计方法

项目能力目标

- 能够开发一个小型的应用系统
- 能够进行系统数据库设计
- 能够编写简单的类

在过去，传统的酒店客房管理过程复杂而烦琐，需要手工操作，效率十分低下。随着信息技术的迅速发展，酒店业务涉及的工作环节，如住宿登记、结算等，从入住登记直至最后退房结账，整个过程都可以通过酒店客房管理系统进行管理，为宾客提供快捷、方便的服务，使其有"顾客至上"的享受。通过该系统，提高酒店的管理水平，简化各种复杂的操作，在最合理、最短的时间内完成酒店业务规范操作。

本项目将开发一套酒店客房管理系统，使读者能够使用 Visual Studio 2010 开发完整的小型系统，同时强化前面项目学到的基础知识与技能。

任务 4.1　系统功能总体设计

酒店客房管理系统包括以下几个界面：用户登录、主界面、宾客登录、宾客预订、取消预订、退房结算、补交押金、房态查询、宾客查询、预订查询、客房添加、客房管理、添加用户和管理用户。

4.1.1　系统的功能结构设计

为了方便操作员使用本系统，将系统的功能模块分为以下几个：宾客登记（包括宾客登录、宾客预订和取消预订）、收银结算（包括退房结算和补交押金）、信息查询（包括房态查询、宾客查询和预订查询)、客房管理(包括客房添加和客房管理)、用户管理(包括添加用户和管理用户)。

系统功能结构如图 4-1 所示。

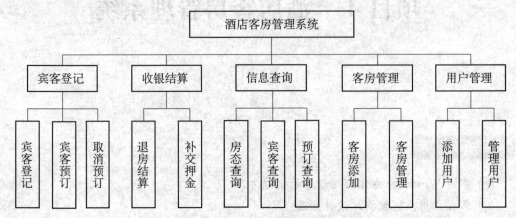

图 4-1 酒店客房管理系统功能结构图

根据系统的总体设计,本系统窗体如表 4-1 所示。

表 4-1 系统窗体

窗体名称	说明
Login	登录窗体
HotelManage	主界面
CheckIn	宾客登记
BookRoom	宾客预订
CancelReservation	取消预订
CheckOut	退房结算
PayDeposit	补交押金
RoomSearch	房态查询
CustomerSearch	宾客查询
BookSearch	预订查询
AddRoom	客房添加
RoomManage	客房管理
AddUser	添加用户
UserManage	管理用户

1. 新建项目

根据对系统的分析,搭建系统框架的步骤如下所述。

(1) 启动 Visual Studio 2010。

(2) 在"文件"菜单下,选择"新建"菜单的下级菜单"项目",在弹出的"新建项目"对话框中选择"Windows 窗体应用程序"模板。

(3) 在"新建项目"对话框的"名称"文本框中,输入项目名称"HotelManage"。

通过单击"浏览"按钮选择项目文件保存路径,也可以直接输入项目文件保存的路径,如图 4-2 所示。

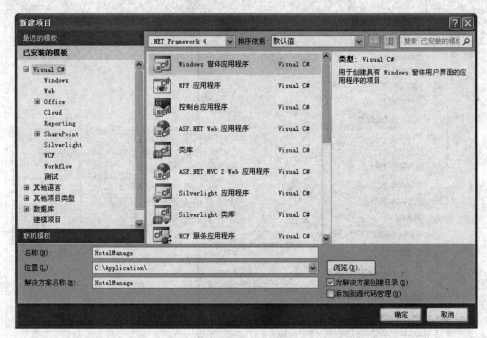

图 4-2　新建项目

(4)单击"确定"按钮,完成项目的创建。

2. 添加窗体

项目创建好后,即可添加窗体。以添加登录窗体为例,步骤如下所述。

(1)在"解决方案资源管理器"中选择"HotelManage"项目,然后单击右键鼠标,在快捷菜单中选择"添加"→"Windows 窗体"命令,如图 4-3 所示。

(2)在"添加新项"窗体的"名称"文本框中输入窗体的名称,如图 4-4 所示。

(3)将登录窗体设置为启动窗体。在"解决方案资源管理器"中双击项目的 Program.cs,打开后,编辑后主要代码如下:

```
static void Main()
{
    Application.EnableVisualStyles();
    Application.SetCompatibleTextRenderingDefault(false);
    Application.Run(new Login());
}
```

将语句"Application.Run(new Form1());"修改为"Application.Run(new Login());"。

(4)删除默认的 Form1 窗体。采用同样的添加窗体的方法,添加其他窗体,但暂时不需要设计窗体的控件和编写代码。最后,整个项目结构如图 4-5 所示。

Visual C#程序设计与软件项目实训

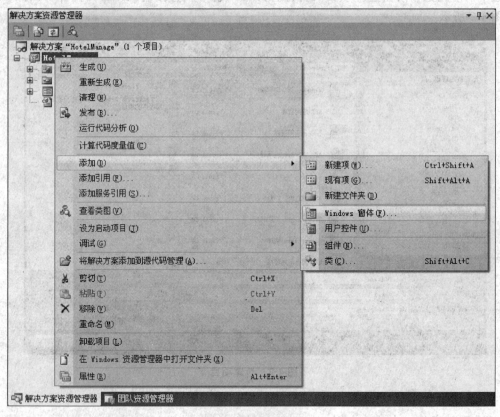

图 4-3　添加新窗体

图 4-4　添加新项

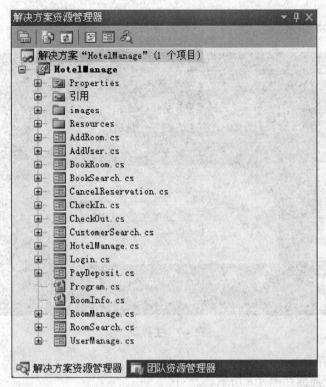

图 4-5 项目结构

4.1.2 系统浏览

1. 用户登录

用户登录界面如图 4-6 所示。

图 4-6 用户登录界面

2. 主界面

主界面如图 4-7 所示。

图 4-7　主界面

3. 宾客登记部分

（1）宾客登记界面如图 4-8 所示。

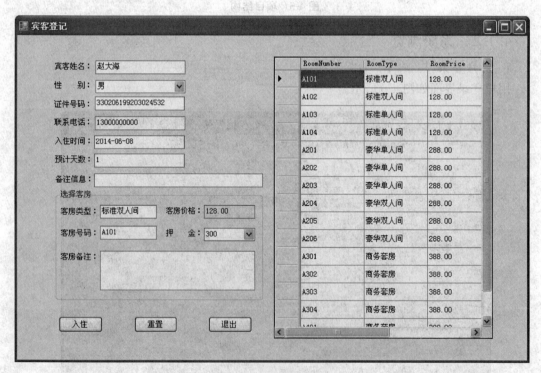

图 4-8　宾客登记界面

（2）宾客预订界面如图 4-9 所示。

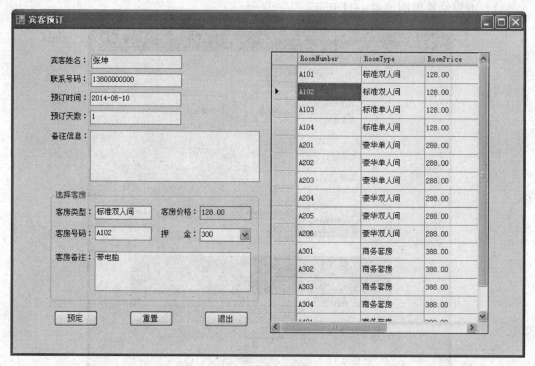

图 4-9　宾客预订界面

（3）取消预订界面如图 4-10 所示。

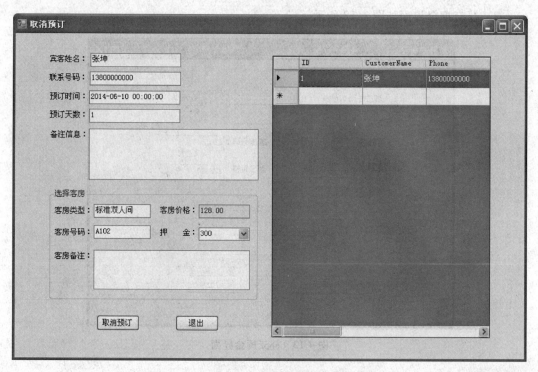

图 4-10　取消预订界面

4. 收银结算部分

(1) 退房结算界面如图 4-11 所示。

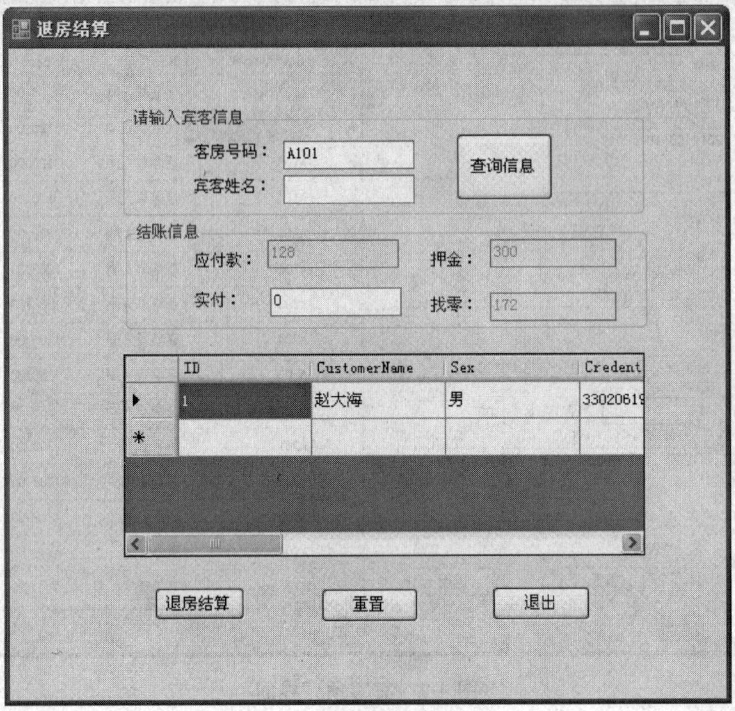

图 4-11 退房结算界面

(2) 补交押金界面如图 4-12 所示。

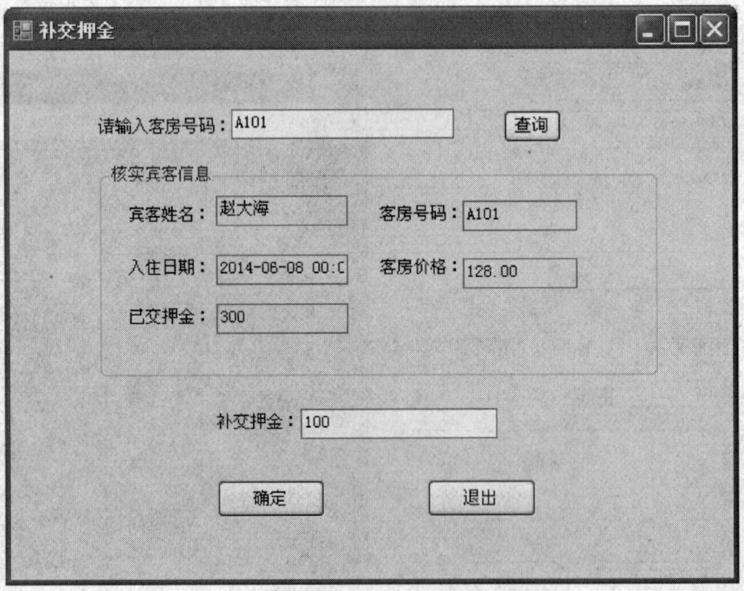

图 4-12 补交押金界面

5. 信息查询部分
(1) 房态查询界面如图4-13所示。

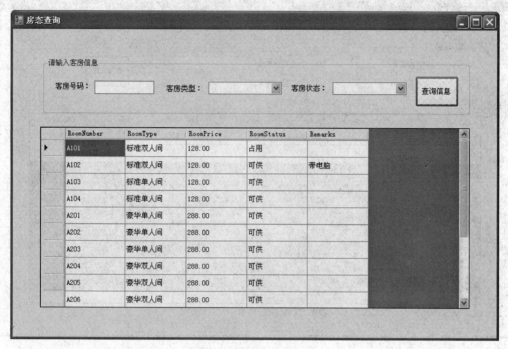

图 4-13 房态查询界面

(2) 宾客查询界面如图4-14所示。

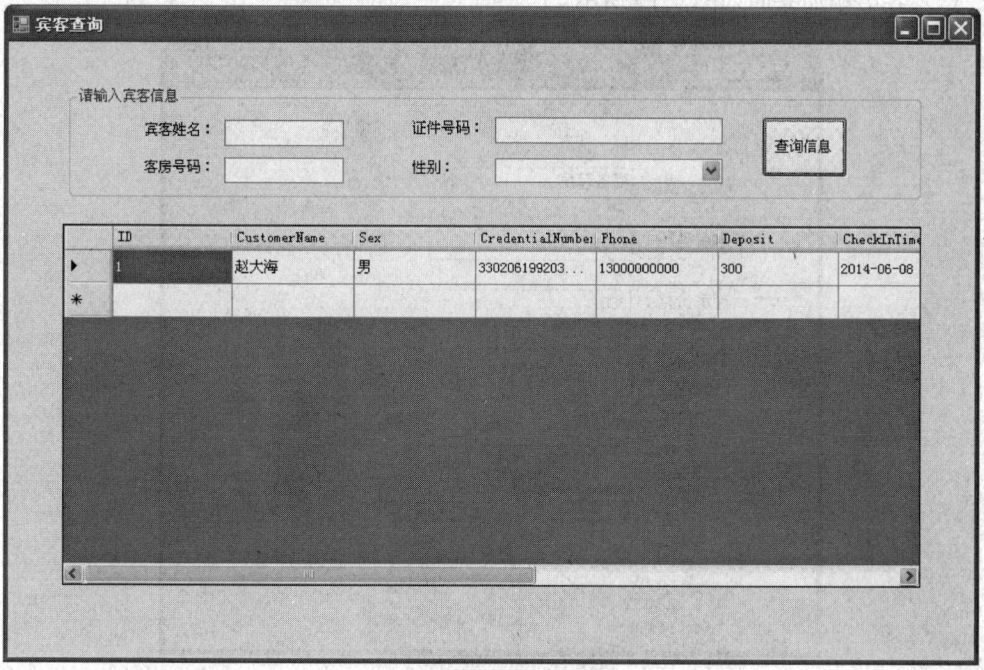

图 4-14 宾客查询界面

（3）预订查询界面如图 4-15 所示。

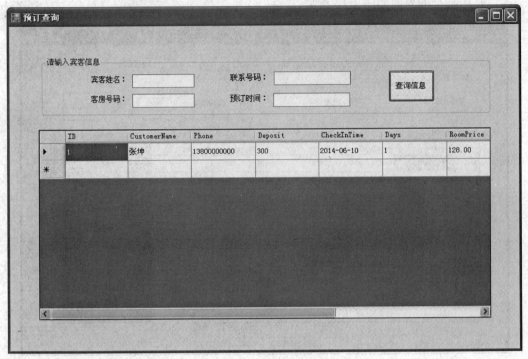

图 4-15　预订查询界面

6. 客房管理部分

（1）客房添加界面如图 4-16 所示。

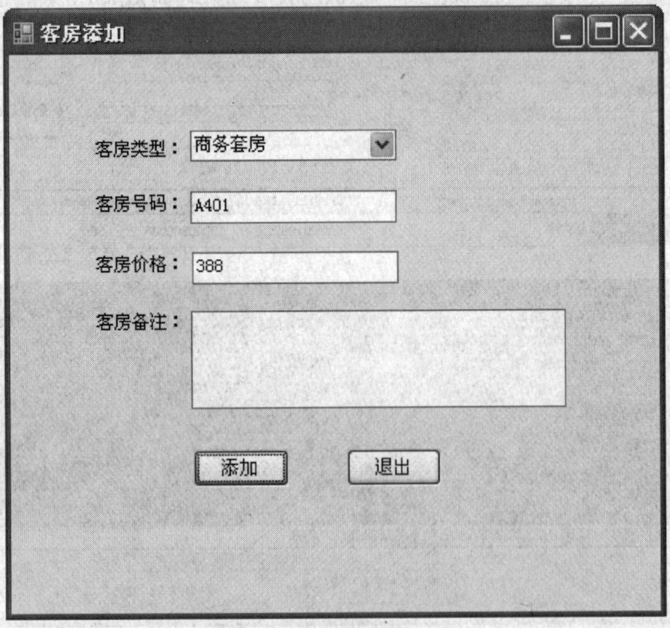

图 4-16　添加客房界面

(2) 客房管理界面如图 4-17 所示。

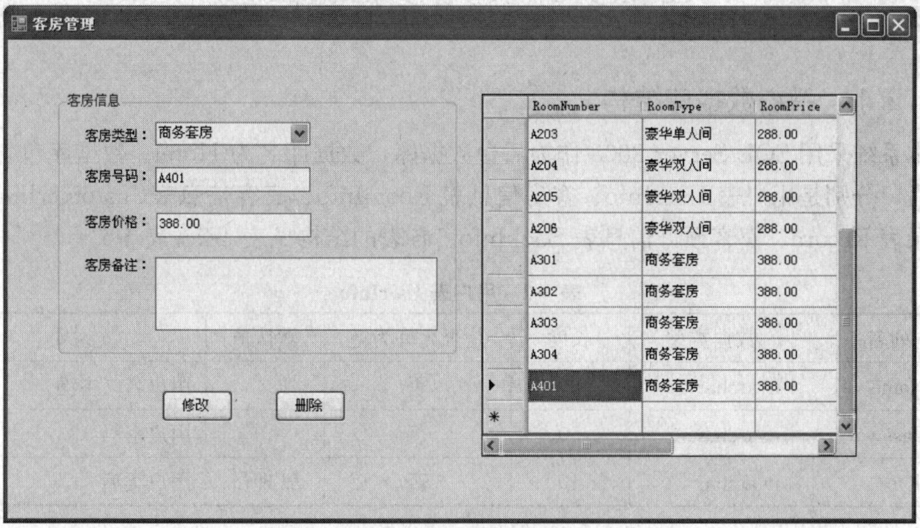

图 4-17 客房管理界面

7. 用户管理
(1) 添加用户界面如图 4-18 所示。

图 4-18 添加用户界面

(2) 用户管理界面如图 4-19 所示。

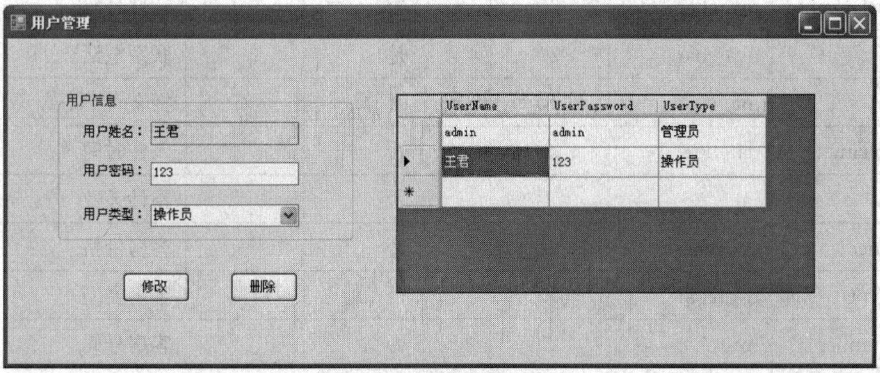

图 4-19 用户管理界面

任务 4.2　建立系统数据库

4.2.1　系统数据库结构

本系统采用 SQL Server 2008 作为后台数据库，数据库名为 Hotel。数据库包含 5 个数据表，分别是用户表 UserInfo、客房信息表 RoomInfo、宾客信息表 CustomerInfo、历史记录表 Record、宾客预订信息表 BookInfo。各表的结构见表 4-2～表 4-6。

表 4-2　用户表 UserInfo

列名	数据类型	长度	是否允许为空	默认值	说明
UserName	nvarchar	50	否		用户名（主键）
UserPassword	nvarchar	50	否		用户密码
UserType	nvarchar	10	否	管理员	用户类型

表 4-3　客房信息表 RoomInfo

列名	数据类型	长度	是否允许为空	默认值	说明
RoomNumber	nvarchar	20	否		客房号码（主键）
RoomType	nvarchar	20	否		客房类型
RoomPrice	decimal	9	否		客房价格
RoomStatus	nvarchar	50	否	可供	客房状态
Remarks	nvarchar	50	是		客房说明

表 4-4　宾客信息表 CustomerInfo

列名	数据类型	长度	是否允许为空	默认值	说明
ID	int	4	否		宾客编号（主键、标识）
CustomerName	nvarchar	50	否		宾客姓名
Sex	nchar	2	否	男	性别
CredentialNumber	nvarchar	20	否		证件号码
Phone	nvarchar	20	是		联系电话
Deposit	int	4	否		押金
CheckInTime	datetime	8	否		入住时间
Days	int	4	否		预计天数
RoomPrice	decimal	9	否		客房价格
RoomType	nvarchar	50	否		客房类型
RoomNumber	nvarchar	20	否		客房号码
Remarks	nvarchar	200	是		备注

表 4-5　历史记录表 Record

列名	数据类型	长度	是否允许为空	默认值	说明
ID	int	4	否		记录编号（主键、标识）
CustomerName	nvarchar	50	否		宾客姓名
Sex	nchar	2	否		性别
CredentialNumber	nvarchar	20	否		证件号码
Phone	nvarchar	20	是		联系电话
CheckInTime	datetime	8	否		入住时间
CheckOutTime	datetime	8	否		退房时间
Days	int	4	否		天数
Spending	decimal	9	否		消费
RoomType	nvarchar	50	否		客房类型
RoomNumber	nvarchar	20	否		客房号码
Remarks	nvarchar	200	是		备注

表 4-6　宾客预订信息表 BookInfo

列名	数据类型	长度	是否允许为空	默认值	说明
ID	int	4	否		预订编号（主键、标识）
CustomerName	nvarchar	50	否		宾客姓名
Phone	nvarchar	50	否		联系电话
Deposit	int	4	否		押金
CheckInTime	datetime	8	否		预订时间
Days	int	4	否		预订天数
RoomPrice	decimal	9	否		客房价格
RoomType	nvarchar	20	否		客房类型
RoomNumber	nvarchar	20	否		客房号码
Remarks	nvarchar	200	是		备注

4.2.2　建立数据库

1. 建立数据库的步骤

（1）启动 SQL Server 2008 数据库，输入正确的服务器名称。一般本地服务器名称使用"localhost"或"."，"身份验证"选择"Windows 身份验证"。单击"连接"按钮，如图 4-20 所示。连接数据库服务器成功后，进入数据库管理界面，如图 4-21 所示。

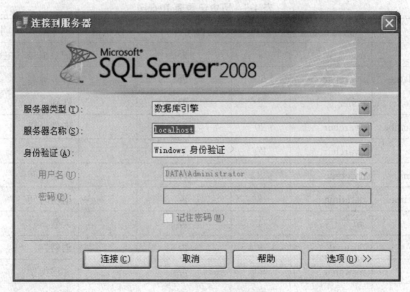

图 4-20　连接到服务器

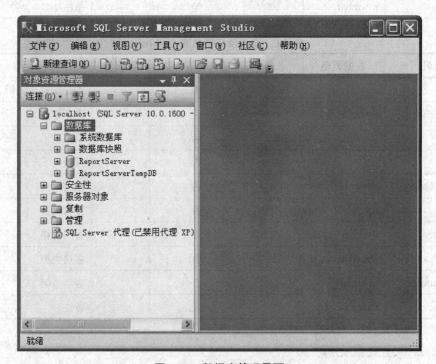

图 4-21　数据库管理界面

(2) 在数据库管理界面中，右击"数据库"，然后在快捷菜单中选择"新建数据库"菜单命令，如图 4-22 所示。

(3) 在出现的数据库创建界面，在"数据库名称"部分输入"Hotel"，选择数据库存储的路径后，单击"确定"按钮，将创建一个名称为"Hotel"的数据库，如图 4-23 所示。

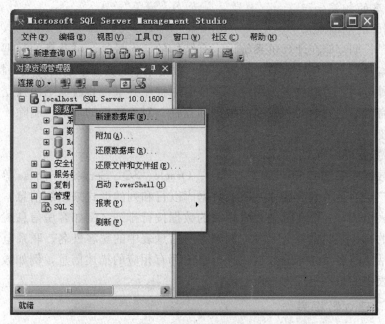

图 4-22 新建数据库界面

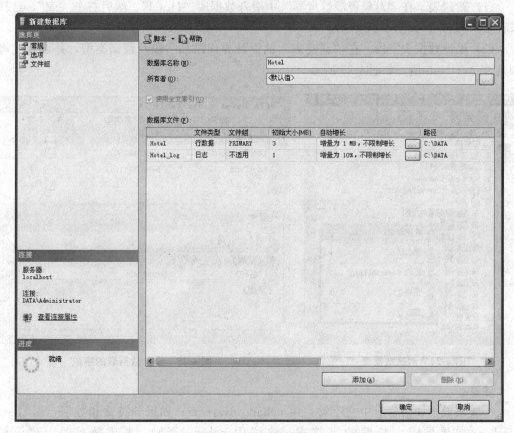

图 4-23 新建数据库

2. 数据库的相关知识

1）数据库的基本概念

数据库是长期存储在计算机系统内，有结构的、大量的、可共享的数据集合。它不仅包括数据本身，而且包括数据之间的联系。数据库中的数据不是面向某一特定的应用，而是面向多种应用，可以被多个用户、多个应用程序共享；其数据结构独立于使用数据的程序，具有最小的冗余度和较高的数据独立性。对于数据的增加、删除、修改及检索等，由系统统一控制。

2）关系数据库

常见的数据库系统有 FoxPro、Access、Oracle、SQL Server、Sybase 等。目前最流行、应用最广泛的是关系数据库。关系数据库以行和列的形式来组织信息。一个关系数据库由若干表组成，一个表就是一组相关的数据按行排列，例如客房信息就是这样的一个表；表中的每一列叫做一个字段，例如客房信息表中的宾客姓名、联系电话等都是字段。字段包括字段名及具体的数据，每个字段都有相应的描述信息，例如数据类型、数据宽度等。表中的每一行称为一条记录。

4.2.3 建立数据表

以建立用户信息表为例，建立数据表的步骤如下所述。

（1）新建表。在"对象资源管理器"中展开数据库"Hotel"，然后右击"表"，选择"新建表"命令，如图 4-24 所示。

（2）设计数据表字段。在"新建表"的设计界面添加字段及数据类型，并设置主键和是否允许 Null 值，如图 4-25 所示。

图 4-24 创建数据表　　　　图 4-25 设计数据表的字段

注意：

一般来说，如果含有中文字符，用 nchar、nvarchar；如果纯英文和数字，用 char、varchar。如果是固定长度的字符串，建议用 nchar；否则，考虑兼容性，建议使用 nvarchar。

(3)保存数据表。设计好字段之后,单击"保存"按钮,将数据表名保存为"UserInfo",如图 4-26 所示。

图 4-26　保存数据表

采用同样的方法,可以创建其他数据表。

(4)建立数据库关系图。展开"Hotel"数据库,再选择"数据库关系图",然后右击,在快捷菜单中选择"新建数据库关系图"命令,如图 4-27 所示,将需要建立关系的表添加进去。

图 4-27　新建数据库关系图

添加好表后,将 RoomInfo 表的 RoomNumber 分别与 CustomerInfo 表和 BookInfo 表的 RoomNumber 字段建立关系,如图 4-28 所示。

4.2.4　常用 SQL 语句

SQL(Structured Query Language),结构化查询语言,是一种数据库查询和程序设计语言,用于存取数据以及查询、更新和管理关系数据库系统,也是数据库脚本文件的扩展名。

SQL 语言可以对两种基本数据结构进行操作,一种是"表",另一种是"视图(View)"。视图是由不同的数据库中满足一定条件约束的数据所组成,用户可以像基本表一样对视图进行操作。当对视图操作时,由系统转换成对基本表的操作。视图可以作为某个用户的专用数据部分,以便使用,提高了数据的独立性,有利于数据的安全保密。

本项目主要是对数据表中的数据进行添加、修改、删除和查询。下面以对用户表 UserInfo 的基本操作为例,简单介绍几种语句的写法。

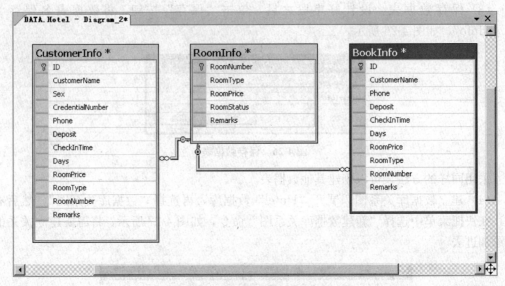

图 4-28 建立数据库关系图

1. 插入数据

插入数据的语句格式如下：

INSERT [INTO] table_name [(column_list)] VALUES (data_values)

其中，table_name 是将要添加数据的表，column_list 是用逗号分开的表中的部分列名，data_values 是要向上述列中添加的数据，数据间用逗号分开。

如果在 VALUES 选项中给出了所有列的值，则可以省略 column_list 部分。

在 INSERT 语句中，如果插入的是一整行完整数据，即包括所有字段，可以在表名后不写上所有字段名。

例如，向用户表 UserInfo 插入一整行数据，代码如下：

INSERT INTOUserInfo
VALUES('张然','123456','管理员')

在 INSERT 语句中，如果插入的一行记录不包括所有字段，则必须在表名后面写上相应的字段名，并用括号括起来。

2. 修改数据

修改数据的语句格式如下：

UPDATE table_name SET column_name = expression [FROM table_source]
[WHERE search_conditions]

其中，SET 指明了将要更改哪些列以及改成何值。WHERE 选项用来指明对哪些行进行更新。在更新数据时，一般都有条件限制，否则将更新表中的所有数据，可能导致有效数据丢失。FROM 选项用于从其他表中取得数据来修改表中的数据。

例如，在用户表 UserInfo 中，将姓名为"张然"的用户类型改为"操作员"，代码如下：

```
UPDATEUserInfo
SETUserType = '操作员'
WHEREUserName = '张然'
```

3. 删除数据

删除数据的语句格式如下：

```
DELETE [FROM] table_name [WHERE search_conditions]
```

其中，[FROM] 是任选项，用来增加可读性。

例如，在用户表 UserInfo 中，将姓名为"张然"的信息删除，代码如下：

```
DELETE FROMUserInfo WHEREUserName = '张然'
```

注意：DELETE 语句用于删除整条记录，不会删除单个字段，所以在 DELETE 后不能出现字段名。

4. 查询数据

SELECT 语句是 SQL 语言中最核心的语句，主要用于查询数据，基本格式如下：

```
SELECT column_name[,column_name,...]
FROM table_name
WHERE seartch_condition
```

例如，在用户表 UserInfo 中，查找所有管理员的信息，代码如下：

```
SELECT * FROMUserInfo WHEREUserType = '管理员'
```

任务 4.3 创建公共类 DBHelper

4.3.1 面向对象程序设计概述

1. 面向对象的基本特点

对象（Object）是一件事、一个实体、一个名词，可以是获得的东西，可以是想像有自己的标识的任何东西。简单地说，一切都是对象，例如人、电脑、桌子等。在程序设计中，对象是包含数据和操作该数据的方法的结构。前面用到的按钮、标签和文本框都是对象。

1）封装性

封装性是一种信息隐蔽技术，是对象重要的特性。封装使数据和操作该数据的方法（函数）封装为一个整体，形成独立性很强的模块，使得用户只能看到对象的外部特性，而对象的内部特性用户是看不到的。封装使对象的设计者和对象的使用者分开，使用者只要知道对象可以做什么，无须知道是怎么做出来的。借助封装，有助于提高类和系统的安全性。

2）继承性

继承是一种由已有类创建新类的机制。利用继承，可以先创建一个共有属性的一般类，根据这个一般类再创建具有特殊属性的新类。新类继承一般类的方法，并根据需要增加它自己的新方法。由继承而得到的类称为子类，被继承的类称为父类。当然，子类也可以成为父类。

3）多态性

同一个信息被不同的对象接收到时可能产生完全不同的行为，这就是多态性。通过继承过程中的方法重写就可以实现多态。多态可以改善程序的组织构架，提高程序的可读性，也使程序更容易扩充。

2．类的概念

类（Class）实际上是对某种类型的对象定义变量和方法的原型。它表示对现实生活中一类具有共同特征的事物的抽象，是面向对象编程的基础。

类的作用类似于蓝图，指定该类型可以进行哪些操作。从本质上说，对象是按照此蓝图分配和配置的内存块。程序可以创建同一个类的多个对象。对象也称为实例，可以存储在命名变量中，也可以存储在数组或集合中。

面向对象程序设计的主要工作就是设计类。声明类的语法格式如下：

[类修饰符] class 类名 [：基类]
{
　……
}

例如，定义一个客房类，代码如下：

public classRoomInfo
{
　//客房类的成员,可以是字段、方法、属性等
}

通过使用 new 关键字（后跟对象将基于的类的名称）可以创建对象，创建方法如下：

RoomInfo roomInfo1 = newRoomInfo();

所有类型和类型成员都具有可访问性级别，用来控制是否可以在程序集的其他代码中或其他程序集中使用它们。可使用访问修饰符指定声明类型，或成员类型，或成员的可访问性。表 4-7 列出了访问修饰符。

表 4-7　访问修饰符

列名	说　明
public	同一程序集中的任何其他代码或引用该程序集的其他程序集都可以访问该类型或成员
private	只有同一类或结构中的代码可以访问该类型或成员
protected	只有同一类或结构，或者此类的派生类中的代码才可以访问的类型或成员
internal	同一程序集中的任何代码都可以访问该类型或成员，但其他程序集中的代码不可以
protected internal	由其声明的程序集或另一个程序集派生的类中任何代码都可访问的类型或成员。从另一个程序集进行访问，必须在类声明中发生，该类声明派生自其中声明受保护的内部元素的类，并且必须通过派生的类类型的实例发生

3．类的基本成员

类具有表示其数据和行为的成员。类的成员包括在类中声明的所有成员，以及在该

类的继承层次结构中的所有类中声明的所有成员（构造函数和析构函数除外）。基类中的私有成员被继承，但不能从派生类访问。

表 4-8 列出了类的成员。本项目只介绍几个主要的成员。

表 4-8 类的成员

成员	说明
字段	字段是在类范围声明的变量。字段可以是内置数值类型或其他类的实例。例如，日历类可能具有一个包含当前日期的字段
常量	常量是在编译时设置其值，并且不能更改其值的字段或属性
属性	属性是类中可以像类中的字段一样访问的方法。属性可以为类字段提供保护，以避免字段在对象不知道的情况下被更改
方法	方法定义类可以执行的操作。方法可以接收提供输入数据的参数，并且可以通过参数返回输出数据。方法还可以不使用参数而直接返回值
事件	事件向其他对象提供有关发生的事情（如单击按钮，或成功完成某个方法）的通知。事件是使用委托定义和触发的
运算符	重载运算符被视为类成员。在重载运算符时，在类中将该运算符定义为公共静态方法。预定义运算符（＋、＊、＜ 等）不考虑作为成员
索引器	使用索引器可以用类似于数组的方式为对象建立索引
构造函数	构造函数是在第一次创建对象时调用的方法。它们通常用于初始化对象的数据
析构函数	C♯ 中极少使用析构函数。析构函数是当对象即将从内存中移除时由运行时执行引擎调用的方法。它们通常用来确保任何必须释放的资源都得到适当的处理
嵌套类型	嵌套类型是在其他类型中声明的类型，通常用于描述仅由包含它们的类型所使用的对象

1）字段

字段是在类范围声明的变量。字段可以是内置数值类型或其他类的实例。例如，用户类可能具有一个包含当前用户名的字段。

字段可标记为 public、private、protected、internal 或 protected internal。这些访问修饰符定义类的使用者访问字段的方式。

例如，在客房类中定义一个客房编号字段，代码如下：

```
public classRoomInfo
{
    public string roomnumber;
}
```

若要访问对象中的字段，请在对象名称后面添加一个句点，然后添加该字段的名称，例如：

```
RoomInfo roomInfo1 = newRoomInfo();
roomInfo1.roomnumber = "A101";
```

2）属性

属性是类中可以像类中的字段一样访问的方法。属性可以为类字段提供保护，以避免字段在对象不知道的情况下被更改。

属性使类能够以一种公开的方法获取和设置值，同时隐藏实现或验证代码。其中，get 属性访问器用于返回属性值，而 set 访问器用于分配新值。这些访问器可以有不同的访问级别。value 关键字用于定义由 set 取值函数分配的值，不实现 set 取值函数的属性是只读的。对于不需要任何自定义访问器代码的简单属性，可考虑选择使用自动实现的属性。

例如，定义一个客房号码的属性，代码如下：

```csharp
public classRoomInfo
{
    private string roomnumber;
    public string RoomNumber
    {
        set
        {
            roomnumber = value;
        }
        get
        {
            return roomnumber;
        }
    }
}
```

其中，get 访问器体与方法体相似，它必须返回属性类型的值。执行 get 访问器相当于读取字段的值。set 访问器类似于返回类型为 void 的方法，它使用称为 value 的隐式参数，此参数的类型是属性的类型。

3）方法

方法是包含一系列语句的代码块。程序通过调用方法并指定所需的任何方法参数来执行语句。在 C# 中，每个执行指令都是在方法的上下文中执行的。

例如，定义一个判断客房价格是否异常的方法，代码如下：

```csharp
public string PriceError(decimal price)
{
    if (price > 5000)
    {
        return"房价异常";
    }
    else
    {
        return"房价正常";
```

        }
    }

4）构造函数

任何时候，只要创建类，就会调用它的构造函数。类可能有多个接收不同参数的构造函数。构造函数使得程序员可设置默认值、限制实例化以及编写灵活且便于阅读的代码。

如果没有为对象提供构造函数，则默认情况下，C#将创建一个构造函数。该构造函数实例化对象，并将成员变量设置为默认值表中列出的默认值。静态类和结构也可以有构造函数。

构造函数是在创建给定类型的对象时执行的类方法。构造函数具有与类相同的名称，它通常初始化新对象的数据成员。

例如，客房类的构造函数如下：

```
public classRoomInfo
{
    public RoomInfo()
    {
        //构造函数内容
    }
}
```

5）析构函数

析构函数用于析构类的实例。不能在结构中定义析构函数，只能对类使用析构函数；并且，一个类只能有一个析构函数，无法继承或重载析构函数，无法调用析构函数。析构函数既没有修饰符，也没有参数。

例如，客房类的析构函数如下：

```
public classRoomInfo
{
    ~RoomInfo()
    {
        //析构函数内容
    }
}
```

程序员无法控制何时调用析构函数，因为这是由垃圾回收器决定的。垃圾回收器检查是否存在应用程序不再使用的对象。如果垃圾回收器认为某个对象符合析构，则调用析构函数（如果有）并回收用来存储此对象的内存。程序退出时，也会调用析构函数。

4.3.2 ADO.NET 概述

ADO.NET 是一组向 .NET Framework 程序员公开数据访问服务的类。ADO.NET 为创建分布式数据共享应用程序提供了一组丰富的组件。它提供了对关系数据、XML 和应用程序数据的访问，因此是 .NET Framework 中不可缺少的一部分。ADO.NET 支持多种开发需求,包括创建由应用程序、工具、语言或 Internet 浏览器使用的前端数据库客户端和中间层业务对象。

ADO.NET 提供对诸如 SQL Server 和 XML 这样的数据源,以及通过 OLE DB 和 ODBC 公开的数据源的一致访问。共享数据的使用方应用程序可以使用 ADO.NET 连接到这些数据源,并可以检索、处理和更新其中包含的数据。

ADO.NET 通过数据处理将数据访问分解为多个可以单独使用或一前一后使用的不连续组件。ADO.NET 包含用于连接到数据库、执行命令和检索结果的 .NET Framework 数据提供程序。这些结果或者被直接处理,放在 ADO.NET DataSet 对象中,以便以特别的方式向用户公开,并与来自多个源的数据组合;或者在层之间传递。DataSet 对象也可以独立于 .NET Framework 数据提供程序,用于管理应用程序本地的数据或源自 XML 的数据。

ADO.NET 类位于 System.Data.dll 中,并与 System.Xml.dll 中的 XML 类集成。ADO.NET 结构如图 4-29 所示。

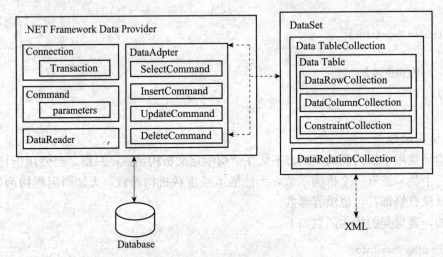

图 4-29 ADO.NET 结构

ADO.NET 用于访问和操作数据的两个主要组件是 .NET Framework 数据提供程序和 DataSet。

表 4-9 列出了 .NET Framework 中包含的数据提供程序。

表 4-9 .NET Framework 中包含的数据提供程序

.NET Framework 数据提供程序	说 明
.NET Framework 用于 SQL Server 的数据提供程序	提供对 Microsoft SQL Server 7.0 或更高版本中数据的访问。使用 System.Data.SqlClient 命名空间
.NET Framework 用于 OLE DB 的数据提供程序	提供对使用 OLE DB 公开的数据源中数据的访问。使用 System.Data.OleDb 命名空间
.NET Framework 用于 ODBC 的数据提供程序	提供对使用 ODBC 公开的数据源中数据的访问。使用 System.Data.Odbc 命名空间

续表

.NET Framework 数据提供程序	说 明
.NET Framework 用于 Oracle 的数据提供程序	适用于 Oracle 数据源。用于 Oracle 的 .NET Framework 数据提供程序支持 Oracle 客户端软件 8.1.7 和更高版本,并使用 System.Data.OracleClient 命名空间
EntityClient 提供程序	提供对实体数据模型(EDM)应用程序的数据访问。使用 System.Data.EntityClient 命名空间

表 4-10 列出了 .NET Framework 数据提供程序的 4 个核心对象。

表 4-10 .NET Framework 数据提供程序的 4 个核心对象

.NET Framework 数据提供程序的核心对象	说 明
Connection	建立与特定数据源的连接。所有 Connection 对象的基类均为 DbConnection 类
Command	对数据源执行命令。公开 Parameters,并可在 Transaction 范围内从 Connection 执行。所有 Command 对象的基类均为 DbCommand 类
DataReader	从数据源中读取只进且只读的数据流。所有 DataReader 对象的基类均为 DbDataReader 类
DataAdapter	使用数据源填充 DataSet 并解决更新。所有 DataAdapter 对象的基类均为 DbDataAdapter 类

.NET Framework 数据提供程序是专门为数据操作以及快速、只进、只读访问数据而设计的组件。Connection 对象提供到数据源的连接。使用 Command 对象,可以访问用于返回数据、修改数据、运行存储过程以及发送或检索参数信息的数据库命令。DataReader可从数据源提供高性能的数据流。最后,DataAdapter 在 DataSet 对象和数据源之间起到桥梁作用。DataAdapter 使用 Command 对象在数据源中执行 SQL 命令,以向 DataSet 加载数据,并将对 DataSet 中数据的更改协调回数据源。

不同的数据库有不同的数据提供程序,每个数据提供程序都有 4 个核心对象,如 SQL Server 分别对应 SqlConnection、SqlCommand、SqlDataAdapter、SqlDataReader,Access 数据库对应 OleDbConnection、OleDbCommand、OleDbDataAdapter、OleDbDataReader。本项目主要讲解用于 SQL Server 数据提供程序的 4 个核心对象。

4.3.3 Connection 对象

Connection 对象用于连接数据库。

1. SqlConnection 属性和方法

表 4-11 列出了 SqlConnection 的主要属性和方法。

表 4-11 SqlConnection 主要属性和方法

属性	说 明
ConnectionString	获取或者设置打开 SQL Server 的连接字符串
ConnectionTimeOut	获取尝试建立连接的等待时间

续表

属性	说明
Database	获取目前连接的数据库名称
DataSource	获取 SQL Server 实例的名称
ServerVersion	获取 SQL Server 实例的版本
State	获取目前 SqlConnection 的连接状态
方法	说明
Open	打开 SQL Server 数据库连接
Close	关闭 SQL Server 数据库连接

2. SqlConnection 的使用示例

首先，要引用 SqlClient，代码如下：

```
using System.Data.SqlClient;
```

其次，要定义 SqlConnection，代码如下：

```
//数据库连接字符串
private static string connectionString = "Data Source = .; Initial Catalog = Hotel; Integrated Security = SSPI";
SqlConnection connection = newSqlConnection(connectionString);//定义 SqlConnection
connection.Open();//打开连接
```

4.3.4 Command 对象

使用 Command 对象可以访问用于返回数据、修改数据、运行存储过程以及发送或检索参数信息的数据库命令。

当打开数据库后，如果想执行数据库数据的添加、删除和修改，可以通过 Command 对象的 ExecuteNonQuery 方法直接执行；如果执行数据库的查询工作，可以通过 DataAdapter 对象的 Fill 方法，将查询的数据结果写入 DataSet。

1. SqlCommand 属性和方法

表 4-12 列出了 SqlCommand 的主要属性和方法。

表 4-12 SqlCommand 主要属性和方法

属性	说明
CommandText	获取或设置要对数据源执行的 Transact-SQL 语句或存储过程
Connection	获取或设置 SqlCommand 实例使用的 SqlConnection
Parameters	获取 SqlParameterCollection
方法	说明
Cancel	尝试取消 SqlCommand 的执行
ExecuteNonQuery	完成 Transact-SQL 语句的异步执行
ExecuteReader	完成 Transact-SQL 语句的异步执行，返回请求的 SqlDataReader
ExecuteScalar	执行查询，并返回查询所返回的结果集中第一行的第一列。忽略其他列或行
CreateParameter	创建 SqlParameter 对象的新实例

2. SqlCommand 的使用示例

```
SqlCommand cmd = newSqlCommand(SQLString, connection);//定义 SqlCommand
cmd.ExecuteNonQuery();//执行 SQL 语句
```

4.3.5 DataReader 对象

使用 DataReader 对象的 Read 方法可从查询结果中获取行。通过向 DataReader 传递列的名称或序号引用，可以访问返回行的每一列。

SqlDataReader 的使用方法如下代码：

```
SqlCommand command = newSqlCommand("SELECT * FROM UserInfo", connection);
connection.Open();
SqlDataReader reader = command.ExecuteReader();
```

4.3.6 DataAdapter 和 Dataset 对象

DataAdapter 是 DataSet 和数据源之间的桥接器，用于检索和保存数据。DataAdapter 通过对数据源使用适当的 Transact-SQL 语句映射 Fill 和 Update 来提供这一桥接。

当 DataAdapter 填充 DataSet 时，它为返回的数据创建必需的表和列。

表 4-13 列出了 SqlDataAdapter 的主要属性和方法。

表 4-13 SqlDataAdapter 主要属性和方法

属性	说 明
SelectCommand	获取或设置一个 Transact-SQL 语句或存储过程，用于在数据源中选择记录
InsertCommand	获取或设置一个 Transact-SQL 语句或存储过程，以在数据源中插入新记录
DeleteCommand	获取或设置一个 Transact-SQL 语句或存储过程，以从数据集删除记录
UpdateCommand	获取或设置一个 Transact-SQL 语句或存储过程，用于更新数据源中的记录
方法	说 明
Fill	填充 DataSet 或 DataTable（从 DbDataAdapter 继承）
Update	为 DataSet 中每个已插入、已更新或已删除的行调用相应的 INSERT、UPDATE 或 DELETE 语句（从 DbDataAdapter 继承）

ADO.NET DataSet 是数据的一种内存驻留表示形式，无论它包含的数据来自什么数据源，都会提供一致的关系编程模型。DataSet 表示整个数据集，其中包含对数据进行包含、排序和约束的表以及表间的关系。

使用 DataSet 的方法有若干种。这些方法可以单独应用，也可以结合应用。

（1）以编程方式在 DataSet 中创建 DataTable、DataRelation 和 Constraint，并使用数据填充表。

（2）通过 DataAdapter，用现有关系数据源中的数据表填充 DataSet。

（3）使用 XML 加载和保持 DataSet 内容。

表 4-14 列出了 DataSet 的主要属性和方法。

表 4-14 DataSet 主要属性和方法

属性	说　　明
DataSetName	获取或设置当前 DataSet 的名称
Relations	获取用于将表链接起来并允许从父表浏览到子表的关系的集合
Tables	获取包含在 DataSet 中的表的集合
方法	说　　明
AcceptChanges	提交自加载此 DataSet 或上次调用 AcceptChanges 以来对其进行的所有更改
Clear	通过移除所有表中的所有行来清除任何数据的 DataSet
Copy	复制该 DataSet 的结构和数据

通过 SqlDataAdapter 向 DataSet 填充数据的示例代码如下：

```
SqlConnection connection = newSqlConnection(connectionString); //定义 SqlConnection
DataSet ds = newDataSet();//定义 DataSet
connection.Open();//打开连接
SqlDataAdapter command = newSqlDataAdapter(SQLString, connection);//定义 SqlDataAdapter
command.Fill(ds,"ds");//填充到 ds
```

4.3.7 创建公共类 DBHelper

1. 创建公共类

（1）在"解决方案资源管理器"中选择"HotelManage"项目，然后右击，在快捷菜单中选择"添加"→"类"命令，如图 4-30 所示。

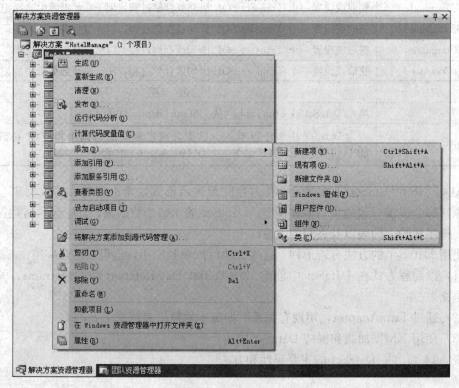

图 4-30 添加类

（2）在"添加新项"窗体的"名称"文本框中输入"DBHelper.cs"，如图4-31所示。

图 4-31　添加新项

（3）单击"添加"按钮，完成类的添加。

2. 编写代码

```
using System;
using System.Collections.Generic;
using System.Linq;
using System.Text;
using System.Data;
using System.Data.SqlClient;
using System.Windows.Forms;

namespace HotelManage
{

    classDBHelper
    {
    //数据库连接字符串
    private static string connectionString = " Data Source = .; Initial Catalog = Hotel; Integrated Security = SSPI";

        /// <summary>
        /// 执行SQL语句,返回影响的记录数
        /// </summary>
        /// <param name = "SQLString">SQL 语句</param>
        /// <returns>影响的记录数</returns>
```

```csharp
public static int ExecuteSql(string SQLString)
{
    SqlConnection connection = newSqlConnection(connectionString);
    SqlCommand cmd = newSqlCommand(SQLString, connection);
    try
    {
        connection.Open();
        int rows = cmd.ExecuteNonQuery();
        return rows;
    }
    catch (System.Data.SqlClient.SqlException e)
    {
        connection.Close();
        throw e;
    }
}

/// <summary>
/// 执行查询语句,返回 DataSet
/// </summary>
/// <param name = "SQLString">查询语句</param>
/// <returns>DataSet</returns>
public staticDataSet GetDataSet(string SQLString)
{
    SqlConnection connection = newSqlConnection(connectionString);
    DataSet ds = newDataSet();
    try
    {
        connection.Open();
        SqlDataAdapter command = newSqlDataAdapter(SQLString, connection);
        command.Fill(ds,"ds");
    }
    catch (System.Data.SqlClient.SqlException ex)
    {
        throw newException(ex.Message);
    }
    return ds;
}
```

分析:

1. 使用的字段

connectionString：用于接收数据库连接字符串。

2. 编写的方法

（1）ExecuteSql() 方法：用于执行 SQL 语句，返回影响的记录数。

（2）GetDataSet() 方法：用于执行查询语句，返回 DataSet。

3. 待完善工作

编写一个带用户名和密码的数据库连接字符串。

任务 4.4 系统详细设计

4.4.1 用户登录功能模块设计

用户登录界面如图 4-32 所示。该界面的作用是系统登录。

图 4-32 登录界面

1. 设计界面

登录窗体的具体窗体和控件属性设置如表 4-15 所示。

表 4-15 控件属性

控件类型	控件名称	主要属性设置	用途
Label	lblUserName	Text 设置为 "用户名："	显示提示文字
	lblUserPassword	Text 设置为 "密码："	显示提示文字
TextBox	txtUserName	Text 设置为空	输入用户名
	txtUserPassword	Text 设置为空	输入密码
Button	btnLogin	Text 设置为 "登录"	登录
Form	Text	用户登录	设置标题
	Size	700，415	设置窗体大小
	BackgroundImage	HotelManage.Properties.Resources.login	设置背景图片
	StartPosition	CenterScree	设置窗体第一次出现的位置

2. 编写代码

在窗体界面中双击"登录"按钮，进入该按钮的单击事件，即验证用户名和密码，并登录到管理界面。该按钮的单击事件代码如下。

```
private void btnLogin_Click(object sender,EventArgs e)
{
    //定义一个变量用于查询用户是否存在
    string sql = String.Format("select * from UserInfo where UserName = '{0}' and UserPassword = '{1}'", txtUserName.Text, txtUserPassword.Text);
    //将执行的结果放在 ds 中
    DataSet ds = DBHelper.GetDataSet(sql);
    //判断 ds 中表数据行数
    if (ds.Tables[0].Rows.Count < 1)
    {
        MessageBox.Show("该用户名或密码不存在!");
    }
    else
    {
        HotelManage frmHotelManage = newHotelManage();
        frmHotelManage.Show();//显示酒店管理窗体
        this.Hide();//隐藏登录窗体
    }
}
```

分析：

1. 使用的变量

(1) sql：用于接收查询语句。

(2) ds：用于接收 DataSet。

2. 使用的方法

(1) Show 方法：显示窗体。

(2) Hide 方法：隐藏窗体。

(3) GetDataSet：获取 DataSet。

3. 关键代码

(1) DataSet ds = DBHelper.GetDataSet (sql);//将执行的结果放在 ds 中。

(2) if (ds.Tables [0].Rows.Count<1) //通过判断 ds 中表的行数来判断是否查找到对应的用户名和密码。如果行数小于1，说明用户名或密码错误。

4. 已完成工作

(1) 窗体控件属性设置。

(2) 用户登录判断。

5. 待完善工作

(1) 文本框的输入规范检查。

(2) 为登录窗体设计 Icon 图标。

4.4.2 主界面设计

管理员在登录界面输入正确的用户名和密码,会进入管理主界面。在管理主界面可以使用系统的所有功能。

1. 窗体属性设置

一般登录成功后,进入的主界面为全屏显示,并且为 MDI 窗体,所以需要对窗体进行属性设置,如表 4-16 所示。

表 4-16 主界面窗体属性设置

窗体名称	属性	属性值
HotelManage	Text	酒店客房管理系统
	IsMdiContain	True
	Size	1024,768
	BackgroundImage	HotelManage.Properties.Resources.bg
	WindowState	Maximized

2. 菜单设计

菜单用于显示一系列命令,其中一部分命令旁带有图像,以便用户快速地将命令与图像内容联系在一起。大多数菜单位于菜单栏上,即屏幕顶部的工具栏上。

添加菜单的步骤如下所述:

(1) 从工具箱的"菜单和工具栏"分组中选择"MenuStrip",如图 4-33 所示。

(2) 在"请在此处键入"的地方输入"客房登记(&C)",建立主菜单;向右可以继续建立其他主菜单,向下则可以建立子菜单,如图 4-34 所示。

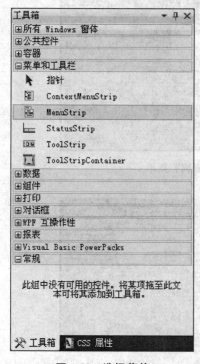

图 4-33 选择菜单

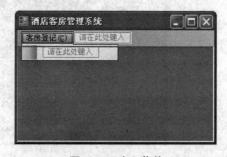

图 4-34 建立菜单

按照设计菜单步骤,设计好如图 4-35~图 4-39 所示的菜单。

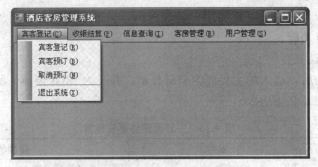

图 4-35 "宾客登记"菜单

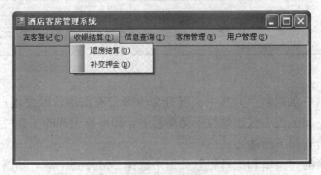

图 4-36 "收银结算"菜单

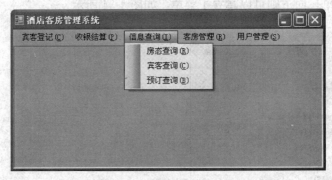

图 4-37 "信息查询"菜单

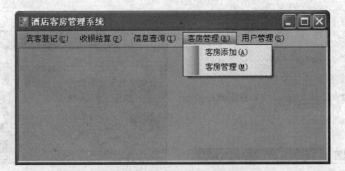

图 4-38 "客房管理"菜单

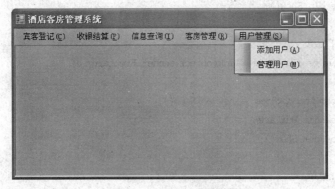

图 4-39 "用户管理"菜单

添加好菜单后,需要修改菜单属性。菜单主要属性如表 4-17 所示。

表 4-17 菜单主要属性

控件名称	属性	属性值
tsmiCustomer	Text	宾客登记(&C)
tsmiCheckIn	Text	宾客登记(&R)
tsmiBookRoom	Text	宾客预订(&B)
tsmiCancelReservation	Text	取消预订(&N)
tsmiExit	Text	退出系统(&X)
tsmiMoney	Text	收银结算(&P)
tsmiCheckOut	Text	退房结算(&O)
tsmiPayDeposit	Text	补交押金(&D)
tsmiSearch	Text	信息查询(&I)
tsmiRoomSearch	Text	房态查询(&R)
tsmiCustomerSearch	Text	宾客查询(&C)
tsmiBookSearch	Text	预订查询(&B)
tsmiRoom	Text	客房管理(&R)
tsmiAddRoom	Text	客房添加(&A)
tsmiRoomManage	Text	客房管理(&M)
tsmiUser	Text	用户管理(&S)
tsmiAddUser	Text	添加用户(&A)
tsmiUserManage	Text	管理用户(&M)

为所有菜单添加事件,代码如下:

```
//宾客登记菜单
private void tsmiCheckIn_Click(object sender,EventArgs e)
{
    CheckIn frmCheckIn = newCheckIn();
    frmCheckIn.MdiParent = this;
```

```csharp
        frmCheckIn.Show();
    }
    //宾客预订菜单
    private void tsmiBookRoom_Click(object sender,EventArgs e)
    {
        BookRoom frmBookRoom = newBookRoom();
        frmBookRoom.MdiParent = this;
        frmBookRoom.Show();
    }
    //取消预订菜单
    private void tsmiCancelReservation_Click(object sender,EventArgs e)
    {
        CancelReservation frmCancelReservation = newCancelReservation();
        frmCancelReservation.MdiParent = this;
        frmCancelReservation.Show();
    }
    //退出系统菜单
    private void tsmiExit_Click(object sender,EventArgs e)
    {
        Application.Exit();
    }
    //退房结算菜单
    private void tsmiCheckOut_Click(object sender,EventArgs e)
    {
        CheckOut frmCheckOut = newCheckOut();
        frmCheckOut.MdiParent = this;
        frmCheckOut.Show();
    }
    //补交押金菜单
    private void tsmiPayDeposit_Click(object sender,EventArgs e)
    {
        PayDeposit frmPayDeposit = newPayDeposit();
        frmPayDeposit.MdiParent = this;
        frmPayDeposit.Show();
    }
    //房态查询菜单
    private void tsmiRoomSearch_Click(object sender,EventArgs e)
    {
        RoomSearch frmRoomSearch = newRoomSearch();
        frmRoomSearch.MdiParent = this;
        frmRoomSearch.Show();
    }
    //宾客查询菜单
```

```csharp
private void tsmiCustomerSearch_Click(object sender,EventArgs e)
{
    CustomerSearch frmCustomerSearch = newCustomerSearch();
    frmCustomerSearch.MdiParent = this;
    frmCustomerSearch.Show();
}
//预订查询菜单
private void tsmiBookSearch_Click(object sender,EventArgs e)
{
    BookSearch frmBookSearch = newBookSearch();
    frmBookSearch.MdiParent = this;
    frmBookSearch.Show();
}
//客房添加菜单
private void tsmiAddRoom_Click(object sender,EventArgs e)
{
    AddRoom frmAddRoom = newAddRoom();
    frmAddRoom.MdiParent = this;
    frmAddRoom.Show();
}
//客房管理菜单
private void tsmiRoomManage_Click(object sender,EventArgs e)
{
    RoomManage frmRoomManage = newRoomManage();
    frmRoomManage.MdiParent = this;
    frmRoomManage.Show();
}
//添加用户菜单
private void tsmiAddUser_Click(object sender,EventArgs e)
{
    AddUser frmAddUser = newAddUser();
    frmAddUser.MdiParent = this;
    frmAddUser.Show();
}
//管理用户菜单
private void tsmiUserManage_Click(object sender,EventArgs e)
{
    UserManage frmUserManage = newUserManage();
    frmUserManage.MdiParent = this;
    frmUserManage.Show();
}
```

3. 工具栏设计

工具栏提供了应用程序中最常用菜单命令的快速访问方式。它一般由多个按钮组成,每个按钮对应菜单中的某一个菜单项。运行时，单击工具栏中的按钮就可以快速执行对应的操作。

添加工具栏的步骤如下所述：

（1）从工具箱的"菜单和工具栏"分组中选择"ToolStrip"，如图 4-40 所示，将其拖入窗体。

图 4-40　选择工具栏控件

（2）单击 ToolStrip 控件的向下箭头的小图标，有 8 种控件可用。本项目只用到按钮，所以选择按钮项（Button）即可，如图 4-41 所示。采用同样的方法，总共在工具栏上添加 5 个按钮控件。

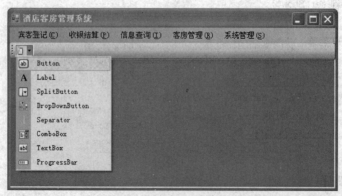

图 4-41　添加按钮控件

设置按钮控件的步骤如下所述:

(1) 整个工具栏控件主要有两个属性需要设置,一个是 Name 属性,设置为"tsHotel";第二个是 ImageScalingSize 属性,将其设置为"40,40"。

(2) 设置工具栏上的按钮的属性。修改每一个按钮的名称,如"宾客登记"按钮命名为"tsbtnCheckIn","退房结算"按钮命名为"tsbtnCheckOut","宾客预订"按钮命名为"tsbtnBookRoom","房态查询"按钮命名为"tsbtnRoomSearch","用户管理"按钮命名为"tsbtnUser"。表 4-18 所示为"宾客登记"按钮的主要属性设置。采用同样的方法可以设置其他按钮属性。图 4-42 所示为设置好工具栏上的所有按钮后运行的效果。

表 4-18 按钮控件主要属性设置

控件名称	属性	属性值
tsbtnCheckIn	AutoSize	False
	DisplayStyle	ImageAndText
	Size	53,55
	Text	宾客登记
	TextImageRelation	ImageAboveText
	Image	HotelManage.Properties.Resources._1

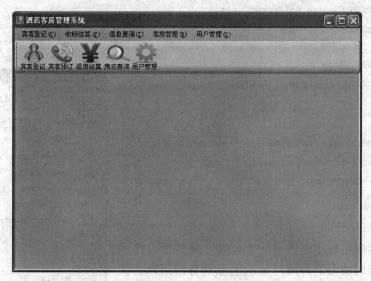

图 4-42 设置工具栏

工具栏上的按钮一般是触发(Click)事件。为工具栏上的按钮编写代码如下:

```
//宾客登记按钮
private void tsbtnCheckIn_Click(object sender,EventArgs e)
{
    CheckIn frmCheckIn = newCheckIn();
    frmCheckIn.MdiParent = this;
    frmCheckIn.Show();
}
```

```csharp
//退房结算按钮
private void tsbtnCheckOut_Click(object sender,EventArgs e)
{
    CheckOut frmCheckOut = newCheckOut();
    frmCheckOut.MdiParent = this;
    frmCheckOut.Show();
}
//宾客预订按钮
private void tsbtnBookRoom_Click(object sender,EventArgs e)
{
    BookRoom frmBookRoom = newBookRoom();
    frmBookRoom.MdiParent = this;
    frmBookRoom.Show();
}
//房态查询按钮
private void tsbtnRoomSearch_Click(object sender,EventArgs e)
{
    RoomSearch frmRoomSearch = newRoomSearch();
    frmRoomSearch.MdiParent = this;
    frmRoomSearch.Show();
}
//用户管理按钮
private void tsbtnUser_Click(object sender,EventArgs e)
{
    UserManage frmUserManage = newUserManage();
    frmUserManage.MdiParent = this;
    frmUserManage.Show();
}
```

4. 状态栏设计

状态栏给应用程序提供了一个位置，使其可以在不打断用户工作的情况下为用户显示消息和有用信息。状态栏通常显示在窗口底部。

添加状态栏的步骤如下所述：

（1）从工具箱的"菜单和工具栏"分组中选择"StatusStrip"，如图4-43所示，将其拖入窗体。

（2）单击状态栏控件的向下箭头的小图标，有4种控件可用。本项目选择StatusLabel，并将控件的Text属性设置为"欢迎进入酒店客房管理系统"。

完成后的主界面如图4-44所示。

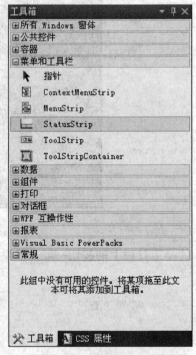

图4-43 选择状态栏

图 4-44　主界面完成界面

分析：

1. 已完成工作

(1) 窗体的属性设置。

(2) 菜单设计。

(3) 工具栏设计。

(4) 状态栏设计。

2. 待完善工作

(1) 为主窗体设计 Icon 图标。

(2) 为主窗体退出系统编写代码。

(3) 在状态栏上显示当前登录系统的用户名。

4.4.3　客房添加功能模块设计

客房添加界面如图 4-45 所示。该界面的作用是添加客房信息。

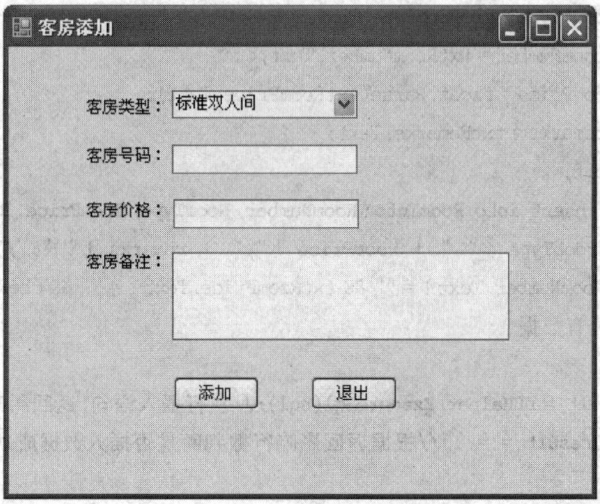

图 4-45　客房添加界面

1. 设计界面

客房添加界面所用控件不多，表 4-19 列出了控件的属性设置。

表 4-19 控件属性

控件类型	控件名称	主要属性设置	用途
Label	lblRoomType	Text 设置为"客房类型："	显示提示文字
	lblRoomNumber	Text 设置为"客房号码："	显示提示文字
	lblRoomPrice	Text 设置为"客房价格："	显示提示文字
	lblRemarks	Text 设置为"客房说明："	显示提示文字
TextBox	txtRoomNumber	Text 设置为空	输入客房号码
	txtRoomPrice	Text 设置为空	输入客房价格
	txtRemarks	Text 设置为空，Multiline 设置为 True	输入客房说明
ComboBox	cboRoomType	Items 设置为： 标准单人间 标准双人间 豪华单人间 豪华双人间 商务套房 总统套房	选择客房类型
Button	btnAdd	Text 设置为"添加"	添加
	btnExit	Text 设置为"退出"	退出

2. 编写代码

（1）双击"添加"按钮，进入该按钮的单击事件，编写代码如下：

```
private void btnAdd_Click(object sender,EventArgs e)
{
    string sql ;
    string roomType = cboRoomType.Text;
    string roomNumber = txtRoomNumber.Text;
    float roomPrice = float.Parse(txtRoomPrice.Text);
    string remarks = txtRemarks.Text;
    int result;
    sql = " insert into RoomInfo(RoomNumber, RoomType, RoomPrice, Remarks) values( '" + roomNumber +"','" + roomType +"'," + roomPrice +",'" + remarks +"')";//定义插入语句
    if (txtRoomNumber.Text ! = "" && txtRoomPrice.Text ! = "" && cboRoomType.Text ! = "")//判断输入文本框等是否有数据
    {
        result = DBHelper.ExecuteSql(sql);//执行插入语句,返回影响行数
        if (result = = 1)//根据返回影响行数判断是否插入数据成功
        {
            MessageBox.Show("客房添加成功!","成功提示", MessageBoxButtons.OK, MessageBoxIcon.Information);
```

```
            }
            else
            {
                MessageBox.Show("客房添加失败!","错误提示",MessageBoxButtons.OK,
MessageBoxIcon.Error);
            }
        }
        else
        {
            MessageBox.Show("请检查数据输入的正确性!","错误提示",MessageBoxButtons.OK,
MessageBoxIcon.Information);
        }
    }
```

(2) 双击"退出"按钮,进入该按钮的单击事件,编写代码如下:

```
private void btnExit_Click(object sender,EventArgs e)
{
    this.Close();//关闭当前窗体
}
```

分析:

1. 使用的变量

(1) sql:用于接收插入语句。

(2) roomType:用于接收客房类型文本框输入的内容。

(3) roomNumber:用于接收客房号码文本框输入的内容。

(4) roomPrice:用于接收客房价格文本框输入的内容。

(5) remarks:用于接收客房说明文本框输入的内容。

(6) result:用于接收影响的行数。

2. 使用的方法

(1) ExecuteSql():用于执行插入语句。

(2) Show():显示对话框信息。

(3) Close():关闭窗体。

3. 关键代码

(1) sql = " insert into RoomInfo (RoomNumber, RoomType, RoomPrice, Remarks) values ('" + roomNumber + "','" + roomType + "','" + roomPrice + "','" + remarks + "')";   //定义插入语句。

(2) result = DBHelper.ExecuteSql (sql);   //执行插入语句,返回影响行数。

(3) if (result == 1)   //根据返回影响行数判断是否插入数据成功。如果有 1 行数据受影响,说明插入成功;如果没有,说明插入失败。

4. 已完成工作

(1) 窗体控件属性设置。

(2) 客房信息的添加功能。
(3) 窗体的退出功能。

5. 待完善工作

(1) 文本框的输入规范检查。
(2) 重复客房检查，即如果输入重复的客房号，代码如何修改？

4.4.4 客房管理功能模块设计

客房管理界面如图 4-46 所示。该界面的作用是对客房信息进行修改和删除。

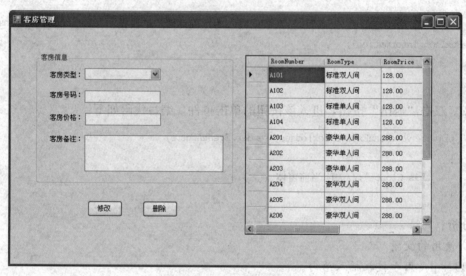

图 4-46 客房管理界面

1. 设计界面

客房管理界面所用主要控件如表 4-20 所示。

表 4-20 主要控件属性

控件类型	控件名称	主要属性设置	用途
Label	lblRoomType	Text 设置为"客房类型:"	显示提示文字
	lblRoomNumber	Text 设置为"客房号码:"	显示提示文字
	lblRoomPrice	Text 设置为"客房价格:"	显示提示文字
	lblRemarks	Text 设置为"客房说明:"	显示提示文字
TextBox	txtRoomNumber	Text 设置为空	输入客房号码
	txtRoomPrice	Text 设置为空	输入客房价格
	txtRemarks	Text 设置为空，Multiline 设置为 True	输入客房备注
ComboBox	cboRoomType	Items 设置为: 　　标准单人间 　　标准双人间 　　豪华单人间 　　豪华双人间 　　商务套房 　　总统套房	选择客房类型

续表

控件类型	控件名称	主要属性设置	用途
Button	btnEdit	Text 设置为"修改"	修改
	btnDel	Text 设置为"删除"	删除
DataGridView	dgvRoomInfo	Size 设置为"332,311"	显示客房信息

2. 编写代码

(1) 首先需要定义一个方法，用于将数据绑定到 DataGridView 控件，代码如下：

```
public void DataBind()//定义一个函数用于绑定数据到 DataGridView
{
    string sql = "select * from RoomInfo";
    DataSet ds = DBHelper.GetDataSet(sql);//执行 SQL 语句,将结果存在 ds 中
    dgvRoomInfo.DataSource = ds.Tables[0];//将 ds 中的表作为 DataGridView 的数据源
}
```

(2) 登录窗体时，将数据绑定到 DataGridView 控件，代码如下：

```
private void RoomManage_Load(object sender,EventArgs e)
{
    DataBind();//窗体登录时绑定数据到 DataGridView
}
```

(3) 双击"修改"按钮，进入该按钮的单击事件，编写代码如下：

```
private void btnEdit_Click(object sender,EventArgs e)
{
    string sql;//定义一个变量用来输入修改语句,用于修改客房信息
    string roomType = cboRoomType.Text;
    string roomNumber = txtRoomNumber.Text;
    float roomPrice = float.Parse(txtRoomPrice.Text);
    string remarks = txtRemarks.Text;
    int result;//定义修改语句执行后的影响行数
    sql = "update RoomInfo set RoomType = '" + roomType + "',RoomPrice = " + roomPrice + ",Remarks = '" + remarks + "' where RoomNumber = '" + roomNumber + "'";
    if (txtRoomNumber.Text ! = "" && txtRoomPrice.Text ! = "" && cboRoomType.Text ! = "")
    {
        result = DBHelper.ExecuteSql(sql);//执行修改语句,返回影响行数
        if (result == 1)//根据返回影响行数判断是否修改数据成功
        {
            MessageBox.Show("客房修改成功!","成功提示",MessageBoxButtons.OK,MessageBoxIcon.Information);
            DataBind();
        }
        else
```

```csharp
                {
                        MessageBox.Show("客房修改失败!","错误提示",MessageBoxButtons.OK,MessageBoxIcon.Error);
                }
        }
        else
        {
                MessageBox.Show("请检查数据输入的正确性!","错误提示",MessageBoxButtons.OK,MessageBoxIcon.Information);
        }
}
```

(4) 双击"删除"按钮，进入该按钮的单击事件，编写代码如下：

```csharp
private void btnDel_Click(object sender,EventArgs e)
{
        string sql;//定义一个变量用来删除插入语句,用于删除客房信息
        string RoomNumber = txtRoomNumber.Text;
        sql = "delete RoomInfo where RoomNumber='" + RoomNumber + "'";
        int result = DBHelper.ExecuteSql(sql);//执行删除语句,返回影响行数
        if (result == 1)//根据返回影响行数判断是否删除数据成功
        {
                MessageBox.Show("客房删除成功!","成功提示",MessageBoxButtons.OK,MessageBoxIcon.Information);
                DataBind();
        }
        else
        {
                MessageBox.Show("客房删除失败!","错误提示",MessageBoxButtons.OK,MessageBoxIcon.Error);
        }
}
```

(5) 需要选择 dgvRoomInfo 控件的内容时，将数据填充到文本框中，编写代码如下：

```csharp
private void dgvRoomInfo_CellClick(object sender,DataGridViewCellEventArgs e)
{
        cboRoomType.Text = dgvRoomInfo.CurrentCell.OwningRow.Cells[1].Value.ToString();
        txtRoomNumber.Text = dgvRoomInfo.CurrentCell.OwningRow.Cells[0].Value.ToString();
        txtRoomPrice.Text = dgvRoomInfo.CurrentCell.OwningRow.Cells[2].Value.ToString();
        txtRemarks.Text = dgvRoomInfo.CurrentCell.OwningRow.Cells[4].Value.ToString();
}
```

分析：

1. 触发的事件

（1）RoomManage_Load：窗体加载，调用 DataBind 方法，将数据填充到 DataGridView 控件中。

（2）btnEdit_Click：对客房信息进行修改。

（3）dgvRoomInfo_CellClick：当用户单击 DataGridView 控件单元格时触发的事件，主要功能是将选中的单元格数据显示到文本框中。

2. 定义的方法

DataBind()，用于绑定数据到 DataGridView 控件中。同样的代码多次调用，因此写成方法，方便调用。

3. 关键代码

（1）DataSet ds = DBHelper.GetDataSet（sql）;//执行 SQL 语句，将结果存在 ds 中。

（2）dgvRoomInfo.DataSource＝ds.Tables［0］;//将 ds 中的表作为 DataGridView 的数据源。

（3）DataBind();//RoomManage_Load 事件中调用是为了窗体加载时就将客房信息填充到 DataGridView 控件中去；在修改客房信息成功和删除客房信息成功后调用此方法，刷新 DataGridView 控件的数据。

（4）result＝DBHelper.ExecuteSql（sql）;//执行修改语句，返回影响行数。

（5）int result＝DBHelper.ExecuteSql（sql）;//执行删除语句，返回影响行数。

（6）if（result＝＝1）//根据返回影响行数判断是否修改或删除数据成功。

4. 已完成工作

（1）窗体控件属性设置。

（2）客房信息的修改功能。

（3）客房信息的删除功能。

（4）基本的输入内容为空检测。

5. 待完善工作

（1）文本框的输入规范检查。

（2）异常处理。

（3）当没选中客房时，单击"删除"按钮，代码如何修改？

（4）如果该客房已经入住客户，则不能删除客房信息，如何修改代码？

（5）将 DataGridView 的列标题显示为中文，代码如何修改？

4.4.5 宾客登记功能模块设计

宾客登记界面如图 4-47 所示。该界面的作用是完成宾客的入住登记。

1. 设计界面

宾客登记界面使用控件比较多，表 4-21 列出了主要控件的属性设置。

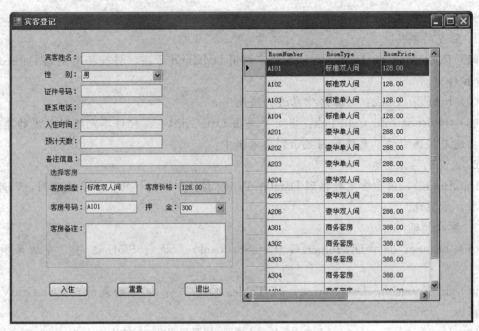

图 4-47 宾客登记界面

表 4-21 主要控件属性

控件类型	控件名称	主要属性设置	用途
TextBox	txtCustomerName	Text 设置为空	输入宾客姓名
	txtCredentialNumber	Text 设置为空	输入证件号码
	txtPhone	Text 设置为空	输入联系电话
	txtCheckInTime	Text 设置为空	输入入住时间
	txtDays	Text 设置为空	输入预计天数
	txtRemarks	Text 设置为空	输入备注信息
	txtRoomType	Text 设置为空	显示客房类型
	txtRoomNumber	Text 设置为空	显示客房号码
	txtRoomPrice	Text 设置为空，BackColor 设置为 Control	显示客房价格
	txtRoomRemarks	Text 设置为空，Multiline 设置为 True	显示客房备注
ComboBox	cboSex	Items 设置为： 　男 　女	选择性别
	cboDeposit	Items 设置为： 　100 　200 　300 　400 　500 　600 　700 　800 　900 　1000	选择押金

续表

控件类型	控件名称	主要属性设置	用途
Button	btnCheckIn	Text 设置为"入住"	入住
	btnReset	Text 设置为"重置"	重置
	btnExit	Text 设置为"退出"	退出
DataGridView	dgvRoomInfo	Size 设置为"343,429"	显示客房信息

2. 编写代码

(1) 首先需要定义一个方法，用于将数据绑定到 DataGridView 控件，代码如下：

```
public void DataBind()//定义一个函数用于绑定数据到DataGridView
{
    string sql = "select * from RoomInfo";
    DataSet ds = DBHelper.GetDataSet(sql);//执行SQL语句,将结果存在ds中
    dgvRoomInfo.DataSource = ds.Tables[0];//将ds中的表作为DataGridView的数据源
}
```

(2) 登录窗体时，将数据绑定到 DataGridView 控件，代码如下：

```
private void CheckIn_Load(object sender,EventArgs e)
{
    DataBind();//窗体登录时绑定数据到DataGridView
}
```

(3) 双击"入住"按钮，进入该按钮的单击事件，编写代码如下：

```
private void btnCheckIn_Click(object sender,EventArgs e)
{
    string insertSql;//定义一个变量用来输入插入语句,用于宾客入住
    string updateSql;//定义一个变量用了输入修改语句,用于修改客房状态为占用
    string customerName = txtCustomerName.Text;
    string sex = cboSex.Text;
    string credentialNumber = txtCredentialNumber.Text;
    string phone = txtPhone.Text;
    int deposit = int.Parse(cboDeposit.Text);
    DateTime checkInTime = Convert.ToDateTime(txtCheckInTime.Text);
    int days = int.Parse(txtDays.Text);
    float roomPrice = float.Parse(txtRoomPrice.Text);
    string roomType = txtRoomType.Text;
    string roomNumber = txtRoomNumber.Text;
    string remarks = txtRemarks.Text;
    int InsertResult;//定义插入语句执行后的影响行数
    int updateResult;//定义修改语句执行后的影响行数
    insertSql = " insert into CustomerInfo(CustomerName, Sex, CredentialNumber, Phone, Deposit,CheckInTime,Days,RoomPrice,RoomType,RoomNumber,Remarks) values( '" + customerName + "','" + sex + "','" + credentialNumber + "','" + phone + "','" + deposit + "','" + checkInTime + "'," +
```

```csharp
days + "," + roomPrice + ",'" + roomType + "','" + roomNumber + "','" + remarks + "')";
            if (txtCustomerName.Text != "" && cboSex.Text != "" && txtCredentialNumber.Text != "" && cboDeposit.Text != "" && txtCheckInTime.Text != "" && txtDays.Text != "" && txtRoomPrice.Text != "" && txtRoomType.Text != "" && txtRoomNumber.Text != "")
            {
                InsertResult = DBHelper.ExecuteSql(insertSql);//执行插入语句,返回影响行数
                if (InsertResult == 1)//根据返回影响行数判断是否插入数据成功
                {
                    MessageBox.Show("宾客入住登记成功!","成功提示",MessageBoxButtons.OK,MessageBoxIcon.Information);
                    updateSql = "update RoomInfo set RoomStatus = '占用' where RoomNumber = '" + roomNumber + "'";
                    updateResult = DBHelper.ExecuteSql(updateSql);//执行修改客房状态语句
                    DataBind();//重新绑定数据到DataGridView,以实现数据的刷新
                }
                else
                {
                    MessageBox.Show("宾客入住登记失败!","错误提示",MessageBoxButtons.OK,MessageBoxIcon.Error);
                }
            }
            else
            {
                MessageBox.Show("请检查数据输入的正确性!","错误提示",MessageBoxButtons.OK,MessageBoxIcon.Information);
            }
        }
```

（4）双击"重置"按钮，进入该按钮的单击事件，编写代码如下：

```csharp
private void btnReset_Click(object sender,EventArgs e)
{
    txtCustomerName.Text = "";
    cboSex.Text = "男";
    txtCredentialNumber.Text = "";
    txtPhone.Text = "";
    cboDeposit.Text = "300";
    txtCheckInTime.Text = "";
    txtDays.Text = "";
    txtRoomPrice.Text = "";
    txtRoomType.Text = "";
    txtRoomNumber.Text = "";
    txtRemarks.Text = "";
    txtRoomRemarks.Text = "";
```

```csharp
        txtCustomerName.Focus();//将光标放在文本框上
    }
```

(5) 双击"退出"按钮，进入该按钮的单击事件，编写代码如下：

```csharp
    private void btnExit_Click(object sender,EventArgs e)
    {
        this.Close();//关闭当前窗体
    }
```

(6) 需要选择 dgvRoomInfo 控件的内容时，将数据填充到文本框中，编写代码如下：

```csharp
    private void dgvRoomInfo_CellClick(object sender,DataGridViewCellEventArgs e)
    {
        txtRoomType.Text = dgvRoomInfo.CurrentCell.OwningRow.Cells[1].Value.ToString();
        txtRoomNumber.Text = dgvRoomInfo.CurrentCell.OwningRow.Cells[0].Value.ToString();
        txtRoomPrice.Text = dgvRoomInfo.CurrentCell.OwningRow.Cells[2].Value.ToString();
        txtRoomRemarks.Text = dgvRoomInfo.CurrentCell.OwningRow.Cells[4].Value.ToString();
    }
```

分析：

1. 触发的事件

(1) CheckIn_Load：窗体加载，调用 DataBind 方法，将数据填充到 DataGridView 控件中。

(2) btnCheckIn_Click：宾客入住登记，登记成功后将客房状态标识为"占用"。

(3) btnReset_Click：重置宾客信息。

(4) btnExit_Click：关闭当前窗体。

(5) dgvRoomInfo_CellClick：当用户单击 DataGridView 控件单元格时触发的事件，主要功能是将选中的单元格数据显示到文本框中。

2. 定义的方法

DataBind()，用于绑定数据到 DataGridView 控件中。

3. 关键代码

(1) DataSet ds = DBHelper.GetDataSet（sql）;//执行 SQL 语句，将结果存在 ds 中。

(2) dgvRoomInfo.DataSource = ds.Tables [0];//将 ds 中的表作为 DataGridView 的数据源。

(3) DataBind();//在 CheckIn_Load 事件中调用是为了窗体加载时就将客房信息填充到 DataGridView 控件中去。在宾客登记成功后调用此方法，刷新 DataGridView 控件的数据。

(4) InsertResult = DBHelper.ExecuteSql（insertSql）;//执行插入语句，返回影响行数。

(5) if (InsertResult == 1) //根据返回影响行数判断是否插入数据成功。

(6) updateResult = DBHelper.ExecuteSql（updateSql）;//执行修改客房状态

语句。

(7) txtCustomerName.Focus();//将光标放在文本框上,方便重置后输入数据。

4. 已完成工作

(1) 窗体控件属性设置。

(2) 宾客登记功能。

(3) 客房状态修改功能。

(4) 重置功能。

(5) 关闭窗体功能。

(6) 基本的输入内容为空检测。

5. 待完善工作

(1) 文本框的输入规范检查。

(2) 异常处理。

(3) 为了方便输入入住时间,将入住时间的文本框换成 DataTimePicker 控件,并修改代码。

(4) 将 DataGridView 的列标题显示为中文,代码如何修改?

4.4.6 宾客预订功能模块设计

宾客预订界面如图 4-48 所示,该界面的作用是完成宾客对客房的预订。

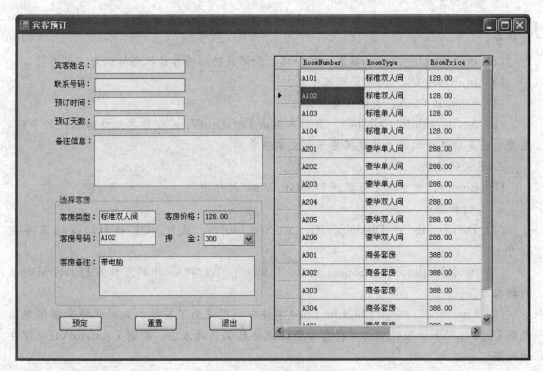

图 4-48 宾客预订界面

1. 设计界面

宾客预订界面使用控件比较多,表 4-22 列出了主要控件的属性设置。

表 4-22 主要控件属性

控件类型	控件名称	主要属性设置	用途
TextBox	txtCustomerName	Text 设置为空	输入宾客姓名
	txtPhone	Text 设置为空	输入联系号码
	txtCheckInTime	Text 设置为空	输入预订时间
	txtDays	Text 设置为空	输入预订天数
	txtRemarks	Text 设置为空	输入备注信息
	txtRoomType	Text 设置为空	显示客房类型
	txtRoomNumber	Text 设置为空	显示客房号码
	txtRoomPrice	Text 设置为空，BackColor 设置为 Control	显示客房价格
	txtRoomRemarks	Text 设置为空，Multiline 设置为 True	显示客房备注
	cboDeposit	Items 设置为： 100 200 300 400 500 600 700 800 900 1000	选择押金
Button	btnBook	Text 设置为"预订"	预订
	btnReset	Text 设置为"重置"	重置
	btnExit	Text 设置为"退出"	退出
DataGridView	dgvRoomInfo	Size 设置为 "343，429"	显示客房信息

2. 编写代码

(1) 首先需要定义一个方法，用于将数据绑定到 DataGridView 控件，代码如下：

```
public void DataBind()//定义一个函数用于绑定数据到 DataGridView
{
    string sql = "select * from RoomInfo";
    DataSet ds = DBHelper.GetDataSet(sql);//执行 SQL 语句,将结果存在 ds 中
    dgvRoomInfo.DataSource = ds.Tables[0];//将 ds 中的表作为 DataGridView 的数据源
}
```

(2) 登录窗体时，将数据绑定到 DataGridView 控件，代码如下：

```
private void BookRoom_Load(object sender,EventArgs e)
{
    DataBind();//窗体登录时绑定数据到 DataGridView
}
```

(3) 双击"预订"按钮，进入该按钮的单击事件，编写代码如下：

```
private void btnBook_Click(object sender,EventArgs e)
```

```csharp
        {
            string insertSql;//定义一个变量用来输入插入语句,用于宾客预订
            string customerName = txtCustomerName.Text;
            string phone = txtPhone.Text;
            int deposit = int.Parse(cboDeposit.Text);
            DateTime checkInTime = Convert.ToDateTime(txtCheckInTime.Text);
            int days = int.Parse(txtDays.Text);
            float roomPrice = float.Parse(txtRoomPrice.Text);
            string roomType = txtRoomType.Text;
            string roomNumber = txtRoomNumber.Text;
            string remarks = txtRemarks.Text;
            int InsertResult;//定义插入语句执行后的影响行数
           insertSql = " insert into BookInfo(CustomerName, Phone, Deposit, CheckInTime, Days, RoomPrice,RoomType,RoomNumber,Remarks) values( '" + customerName + "','" + phone + "'," + deposit + ",'" + checkInTime + "'," + days + "," + roomPrice + ",'" + roomType + "','" + roomNumber + "','" + remarks + "')";
            if (txtCustomerName.Text != "" && txtPhone.Text != "" && cboDeposit.Text != "" && txtCheckInTime.Text != "" && txtDays.Text != "" && txtRoomPrice.Text != "" && txtRoomType.Text != "" && txtRoomNumber.Text != "")
            {
                InsertResult = DBHelper.ExecuteSql(insertSql);//执行插入语句,返回影响行数
                if (InsertResult == 1)//根据返回影响行数判断是否插入数据成功
                {
                    MessageBox.Show("宾客预订成功!","成功提示",MessageBoxButtons.OK, MessageBoxIcon.Information);
                    DataBind();//重新绑定数据到DataGridView,以实现数据的刷新
                }
                else
                {
                    MessageBox.Show("宾客预订失败!","错误提示",MessageBoxButtons.OK, MessageBoxIcon.Error);
                }
            }
            else
            {
                MessageBox.Show("请检查数据输入的正确性!","错误提示",MessageBoxButtons.OK, MessageBoxIcon.Information);
            }
        }
```

（4）双击"重置"按钮，进入该按钮的单击事件，编写代码如下：

```csharp
        private void btnReset_Click(object sender,EventArgs e)
        {
```

```
            txtCustomerName.Text = "";
            txtPhone.Text = "";
            cboDeposit.Text = "300";
            txtCheckInTime.Text = "";
            txtDays.Text = "";
            txtRoomPrice.Text = "";
            txtRoomType.Text = "";
            txtRoomNumber.Text = "";
            txtRemarks.Text = "";
            txtRoomRemarks.Text = "";
            txtCustomerName.Focus();//将光标放在文本框上
        }
```

(5) 双击"退出"按钮,进入该按钮的单击事件,编写代码如下:

```
        private void btnExit_Click(object sender,EventArgs e)
        {
            this.Close();//关闭当前窗体
        }
```

(6) 需要选择dgvRoomInfo控件的内容时,将数据填充到文本框中,编写代码如下:

```
        private void dgvRoomInfo_CellClick(object sender,DataGridViewCellEventArgs e)
        {
            txtRoomType.Text = dgvRoomInfo.CurrentCell.OwningRow.Cells[1].Value.ToString();//取当前选中行的第2列
            txtRoomNumber.Text = dgvRoomInfo.CurrentCell.OwningRow.Cells[0].Value.ToString();
            txtRoomPrice.Text = dgvRoomInfo.CurrentCell.OwningRow.Cells[2].Value.ToString();
            txtRoomRemarks.Text = dgvRoomInfo.CurrentCell.OwningRow.Cells[4].Value.ToString();
        }
```

分析:

1. 触发的事件

(1) BookRoom_Load:窗体加载,调用DataBind方法,将数据填充到DataGridView控件中。

(2) btnBook_Click:宾客预订。

(3) btnReset_Click:重置预订信息。

(4) btnExit_Click:关闭当前窗体。

(5) dgvRoomInfo_CellClick:当用户单击DataGridView控件单元格时触发的事件,主要功能是将选中的单元格数据显示到文本框中。

2. 定义的方法

DataBind(),用于绑定数据到DataGridView控件中。

3. 关键代码

(1) DataSet ds = DBHelper.GetDataSet (sql);//执行SQL语句,将结果存在ds中

(2) dgvRoomInfo.DataSource = ds.Tables [0];//将ds中的表作为DataGridView

的数据源。

（3）DataBind();//在 BookRoom_Load 事件中调用是为了窗体加载时就将客房信息填充到 DataGridView 控件中去。在宾客预订成功后调用此方法，刷新 DataGridView 控件的数据。

（4）InsertResult = DBHelper.ExecuteSql (insertSql);//执行插入语句，返回影响行数。

（5）if (InsertResult == 1) //根据返回影响行数判断是否插入数据成功。

（6）txtCustomerName.Focus();//将光标放在文本框上，方便重置后输入数据。

4. 已完成工作

（1）窗体控件属性设置。
（2）宾客预订功能。
（3）重置功能。
（4）关闭窗体功能。
（5）基本的输入内容为空检测。

5. 待完善工作

（1）文本框的输入规范检查。
（2）异常处理。
（3）为了方便输入入住时间，将入住时间的文本框换成 DataTimePicker 控件，并修改代码。
（4）如果要预订的客房当天已经被预订了，通过代码如何判断？
（5）将 DataGridView 的列标题显示为中文，代码如何修改？

4.4.7 取消预订功能模块设计

取消预订界面如图 4-49 所示。该界面的作用是取消预订。

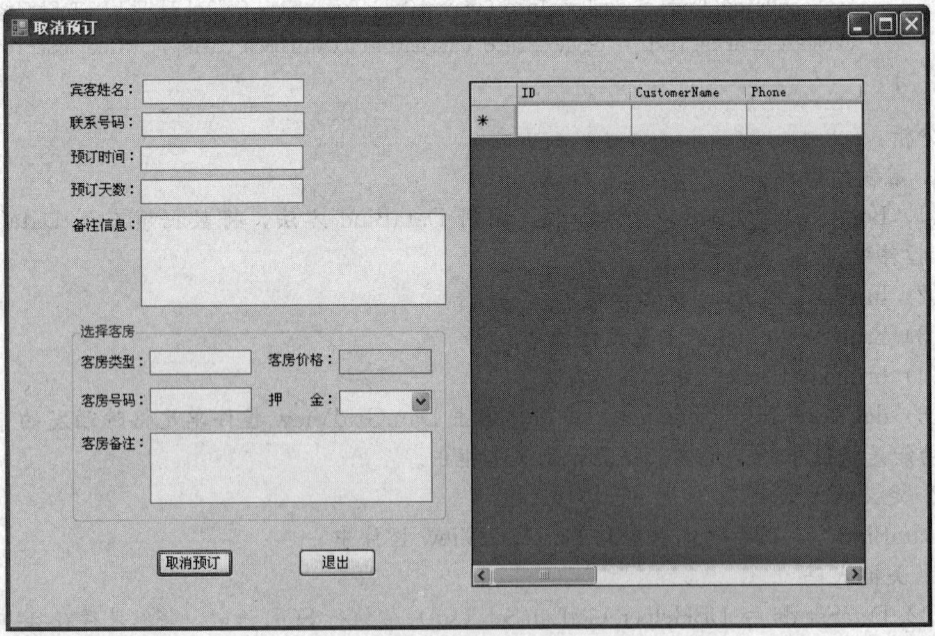

图 4-49　取消预订界面

1. 设计界面

取消预订界面所用主要控件如表 4-23 所示。

表 4-23 主要控件属性

控件类型	控件名称	主要属性设置	用途
TextBox	txtCustomerName	Text 设置为空	输入宾客姓名
	txtPhone	Text 设置为空	输入联系号码
	txtCheckInTime	Text 设置为空	输入预订时间
	txtDays	Text 设置为空	输入预计天数
	txtRemarks	Text 设置为空	输入备注信息
	txtRoomType	Text 设置为空	显示客房类型
	txtRoomNumber	Text 设置为空	显示客房号码
	txtRoomPrice	Text 设置为空，BackColor 设置为 Control	显示客房价格
	txtRoomRemarks	Text 设置为空，Multiline 设置为 True	显示客房备注
	cboDeposit	Items 设置为： 100 200 300 400 500 600 700 800 900 1000	选择押金
Button	btnCancelReservation	Text 设置为"取消预订"	取消预订
	btnExit	Text 设置为"退出"	退出
DataGridView	dgvRoomInfo	Size 设置为"343，429"	显示客房信息

2. 编写代码

（1）首先需要一个变量，代码如下：

```
int bookInfoID;
```

变量定义在 CancelReservation 类中，不隶属于任何其他方法和事件。

（2）需要定义一个方法，用于将数据绑定到 DataGridView 控件，代码如下：

```
public void DataBind()//定义一个函数用于绑定数据到 DataGridView
{
    string sql = "select * from BookInfo";
    DataSet ds = DBHelper.GetDataSet(sql);//执行 SQL 语句,将结果存在 ds 中
    dgvBookInfo.DataSource = ds.Tables[0];//将 ds 中的表作为 DataGridView 的数据源
}
```

（3）登录窗体时，将数据绑定到 DataGridView 控件，代码如下：

```
private void CancelReservation_Load(object sender,EventArgs e)
{
```

            DataBind();//窗体登录时绑定数据到DataGridView
        }

    (4) 双击"取消预订"按钮，进入该按钮的单击事件，编写代码如下：

```
private void btnCancelReservation_Click(object sender,EventArgs e)
    {
        string deleteSql = "delete from BookInfo where ID = " + bookInfoID;//定义一个变量用来输入删除语句,用于宾客取消预订
        int deleteResult;//定义删除语句执行后的影响行数
        deleteResult = DBHelper.ExecuteSql(deleteSql);//执行删除语句,返回影响行数
        if (deleteResult == 1)//根据返回影响行数判断是否删除数据成功
        {
            MessageBox.Show("预订信息删除成功!","成功提示",MessageBoxButtons.OK,MessageBoxIcon.Information);
            DataBind();//重新绑定数据到DataGridView,以实现数据的刷新
        }
        else
        {
            MessageBox.Show("预订信息删除失败!","错误提示",MessageBoxButtons.OK,MessageBoxIcon.Error);
        }
    }
```

    (5) 双击"退出"按钮，进入该按钮的单击事件，编写代码如下：

```
private void btnExit_Click(object sender,EventArgs e)
    {
        this.Close();//关闭当前窗体
    }
```

    (6) 需要选择 dgvRoomInfo 控件的内容时，将数据填充到文本框中，编写代码如下：

```
private void dgvBookInfo_CellClick(object sender,DataGridViewCellEventArgs e)
    {
        bookInfoID = int.Parse(dgvBookInfo.CurrentCell.OwningRow.Cells[0].Value.ToString());
        txtCustomerName.Text = dgvBookInfo.CurrentCell.OwningRow.Cells[1].Value.ToString();
        txtPhone.Text = dgvBookInfo.CurrentCell.OwningRow.Cells[2].Value.ToString();
        cboDeposit.Text = dgvBookInfo.CurrentCell.OwningRow.Cells[3].Value.ToString();
        txtCheckInTime.Text = dgvBookInfo.CurrentCell.OwningRow.Cells[4].Value.ToString();
        txtDays.Text = dgvBookInfo.CurrentCell.OwningRow.Cells[5].Value.ToString();
        txtRoomPrice.Text = dgvBookInfo.CurrentCell.OwningRow.Cells[6].Value.ToString();
        txtRoomType.Text = dgvBookInfo.CurrentCell.OwningRow.Cells[7].Value.ToString();
        txtRoomNumber.Text = dgvBookInfo.CurrentCell.OwningRow.Cells[8].Value.ToString();
```

```
        txtRemarks.Text = dgvBookInfo.CurrentCell.OwningRow.Cells[9].Value.ToString();
    }
```

分析：

1. 触发的事件

（1）CancelReservation_Load：窗体加载，调用 DataBind 方法，将数据填充到 DataGridView 控件中。

（2）btnCancelReservation_Click：取消预订。

（3）btnExit_Click：关闭当前窗体。

（4）dgvBookInfo_CellClick：当用户单击 DataGridView 控件单元格时触发的事件，主要功能是将选中的单元格数据显示到文本框中。

2. 定义的方法

DataBind()，用于绑定数据到 DataGridView 控件中。

3. 关键代码

（1）int bookInfoID;//用于通过单击 DataGridView 控件获得预订编号，将其值作为删除语句的条件。

（2）string sql = "select * from BookInfo";//删除预订信息，要刷新的是预订信息，不是前面功能模块的客房信息。

（3）DataBind();//在 CancelReservation_Load 事件中调用是为了窗体加载时就将预订信息填充到 DataGridView 控件中去。在删除预订信息成功后调用此方法，刷新 DataGridView控件的数据。

（4）deleteResult = DBHelper.ExecuteSql（deleteSql）;//执行删除语句，返回影响行数。

（5）if (deleteResult == 1) //根据返回影响行数判断是否删除数据成功。

（6）bookInfoID = int.Parse（dgvBookInfo.CurrentCell.OwningRow.Cells[0].Value.ToString());//将光标放在文本框上，方便重置后输入数据。

4. 已完成工作

（1）窗体控件属性设置。

（2）取消预订功能。

（3）关闭窗体功能。

5. 待完善工作

（1）异常处理。

（2）当用户在 DataGridView 控件中选择某个预订信息时，同时将被预订客房的客房说明信息显示出来，代码如何修改？

（3）将 DataGridView 的列标题显示为中文，代码如何修改？

4.4.8　退房结算功能模块设计

退房结算界面如图 4-50 所示。该界面的作用是完成宾客的退房结算。

1. 设计界面

退房结算界面所用主要控件如表 4-24 所示。

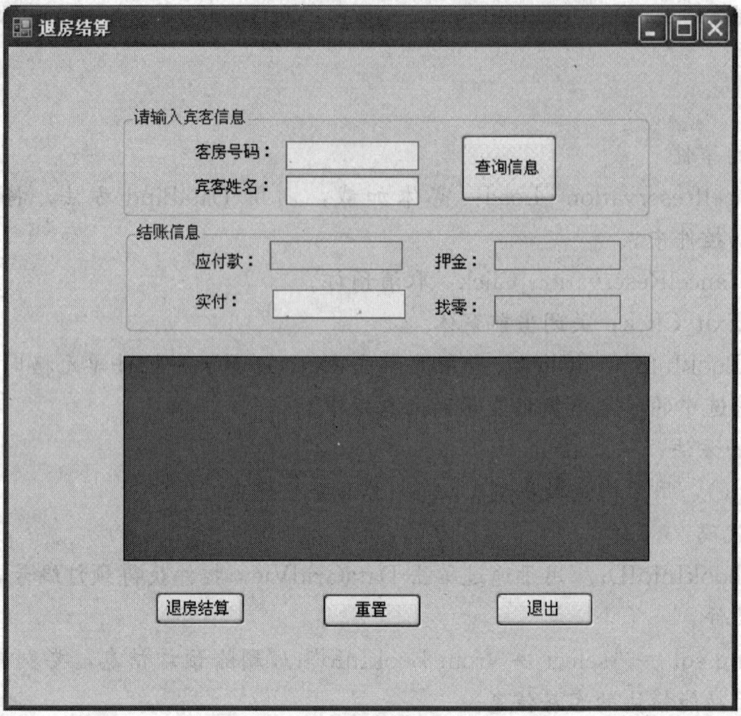

图 4-50 退房结算界面

表 4-24 主要控件属性

控件类型	控件名称	主要属性设置	用途
TextBox	txtRoomNumber	Text 设置为空	输入客房号码
	txtCustomerName	Text 设置为空	输入宾客姓名
	txtAccountPayable	Text 设置为空，BackColor 设置为 Control	显示应付款
	txtDeposit	Text 设置为空，BackColor 设置为 Control	显示押金
	txtPay	Text 设置为空	输入实付
	txtChange	Text 设置为空，BackColor 设置为 Control，ForeColor 设置为 Red	显示找零
Button	btnSearch	Text 设置为"查询信息"	查询
	btnCheckOut	Text 设置为"退房结算"	退房结算
	btnReset	Text 设置为"重置"	重置
	btnExit	Text 设置为"退出"	退出
DataGridView	dgvCustomerInfo	Size 设置为"390，148"	显示宾客信息

2. 编写代码

（1）首先需要多个变量，代码如下：

```
int id;
string customerName;
string sex;
string credentialNumber;
string phone;
```

```csharp
            DateTime checkInTime;
            DateTime checkOutTime;
            int days = 1;
            float spending;
            string roomType;
            string roomNumber;
            string remarks;
            float deposit;
```

(2) 双击"查询信息"按钮,进入该按钮的单击事件,编写代码如下:

```csharp
        private void btnSearch_Click(object sender, EventArgs e)
        {
            string sql = "";
            //列举4种查询情况
            if (txtCustomerName.Text != "" && txtRoomNumber.Text == "")
            {
                sql = "select * from CustomerInfo where CustomerName = '" + txtCustomerName.Text + "'";
            }
            if (txtCustomerName.Text == "" && txtRoomNumber.Text != "")
            {
                sql = "select * from CustomerInfo where RoomNumber = '" + txtRoomNumber.Text + "'";
            }
            if (txtCustomerName.Text != "" && txtRoomNumber.Text != "")
            {
                sql = "select * from CustomerInfo where CustomerName = '" + txtCustomerName.Text + "' and RoomNumber = '" + txtRoomNumber.Text + "'";;
            }
            if (txtCustomerName.Text == "" && txtRoomNumber.Text == "")
            {
                MessageBox.Show("请输入宾客入住信息","输入提示",MessageBoxButtons.OK,MessageBoxIcon.Information);
            }
            if (sql != "")
            {
                DataSet ds = DBHelper.GetDataSet(sql);//执行SQL语句,将结果存在ds中
                if(ds.Tables[0].Rows.Count >= 1)//通过检测ds中表的行数是否大于等于1来判断是否查找到数据
                {
                    dgvCustomerInfo.DataSource = ds.Tables[0];
                    id = int.Parse(ds.Tables[0].Rows[0][0].ToString());
                    customerName = ds.Tables[0].Rows[0][1].ToString();
                    sex = ds.Tables[0].Rows[0][2].ToString();
```

```csharp
            credentialNumber = ds.Tables[0].Rows[0][3].ToString();
            phone = ds.Tables[0].Rows[0][4].ToString();
            checkInTime = Convert.ToDateTime(ds.Tables[0].Rows[0][6].ToString());
            checkOutTime = System.DateTime.Now;
            roomType = ds.Tables[0].Rows[0][9].ToString();
            roomNumber = ds.Tables[0].Rows[0][10].ToString();
            remarks = ds.Tables[0].Rows[0][11].ToString();
            TimeSpan nights = System.DateTime.Now - DateTime.Parse(ds.Tables[0].Rows[0][6].ToString());
            days = int.Parse(nights.Days.ToString());
            spending = float.Parse(ds.Tables[0].Rows[0][8].ToString()) * days;
            txtAccountPayable.Text = Convert.ToString(float.Parse(ds.Tables[0].Rows[0][8].ToString()) * days);
            txtDeposit.Text = ds.Tables[0].Rows[0][5].ToString();
            deposit = float.Parse(ds.Tables[0].Rows[0][5].ToString());
        }
        else
        {
            MessageBox.Show("您查找的信息不存在","输入提示",MessageBoxButtons.OK, MessageBoxIcon.Information);
        }
    }
```

(3) 为了计算"找零",需要在实付文本框改变时触发一个事件,代码如下:

```csharp
private void txtPay_TextChanged(object sender,EventArgs e)
{
    txtChange.Text = Convert.ToString(deposit + int.Parse(txtPay.Text) - spending);//计算找零
}
```

(4) 双击"退房结算"按钮,进入该按钮的单击事件,编写代码如下:

```csharp
private void btnCheckOut_Click(object sender,EventArgs e)
{
    string insertSql;//定义一个变量用来输入插入语句,用于将宾客入住信息插入 Record 表,便于数据分析
    string updateSql;//定义一个变量用来输入修改语句,修改客房状态为可用
    string deleteSql;//定义一个变量用来输入删除语句,删除宾客入住信息
    insertSql = " insert into Record(CustomerName, Sex, CredentialNumber, Phone, CheckInTime, checkOutTime, Days, Spending, RoomType, RoomNumber, Remarks) values( '" + customerName + "','" + sex + "','" + credentialNumber + "','" + phone + "','" + checkInTime + "','" + checkOutTime + "'," + days + "," + spending + ",'" + roomType + "','" + roomNumber + "','" + remarks + "')";
    deleteSql = "delete from CustomerInfo where ID = " + id;
```

```
            updateSql = "update RoomInfo set RoomStatus = '可供' where RoomNumber = '" + roomNumber +
"'";
            int insertResult;//定义插入语句执行后的影响行数
            int updateResult;//定义修改语句执行后的影响行数
            int deleteResult;//定义删除语句执行后的影响行数
            deleteResult = DBHelper.ExecuteSql(deleteSql);//执行删除语句,返回影响行数
            if (deleteResult = = 1)//根据返回影响行数判断是否删除数据成功
            {
                MessageBox.Show("宾客退房结算成功!","成功提示", MessageBoxButtons.OK,
MessageBoxIcon.Information);
                updateResult = DBHelper.ExecuteSql(updateSql);//执行修改客房状态语句
                insertResult = DBHelper.ExecuteSql(insertSql);//执行插入语句,返回影响行数
                if (insertResult = = 1)//根据返回影响行数判断是否插入数据成功
                {
                    MessageBox.Show("宾客入住历史记录保存成功!","成功提示",
MessageBoxButtons.OK, MessageBoxIcon.Information);
                }
                else
                {
                    MessageBox.Show("宾客入住历史记录保存失败!","错误提示",
MessageBoxButtons.OK,MessageBoxIcon.Error);
                }
            }
            else
            {
                MessageBox.Show("宾客退房结算失败!","错误提示", MessageBoxButtons.OK,
MessageBoxIcon.Error);
            }
        }
```

(5) 双击"重置"按钮,进入该按钮的单击事件,编写代码如下:

```
    private void btnReset_Click(object sender,EventArgs e)
    {
        txtRoomNumber.Text = "";
        txtCustomerName.Text = "";
        txtAccountPayable.Text = "";
        txtDeposit.Text = "";
        txtPay.Text = "";
        txtChange.Text = "";
    }
```

(6) 双击"退出"按钮,进入该按钮的单击事件,编写代码如下:

```
    private void btnExit_Click(object sender,EventArgs e)
```

```
        {
            this.Close();//关闭当前窗体
        }
```

分析：

1. 触发的事件

(1) btnSearch_Click：查询宾客入住信息。

(2) txtPay_TextChanged：计算找零。

(3) btnCheckOut_Click：退房结算。

(4) btnReset_Click：重置结账信息。

(5) btnExit_Click：关闭当前窗体。

2. 关键代码

(1) int id;//用于取得宾客登记编号，将其值作为删除语句的条件。

(2) id = int.Parse (ds.Tables [0].Rows [0][0].ToString());//读取 ds 的第一张表的第一行第一列的数据，将其赋值给 id 变量。

(3) deleteResult = DBHelper.ExecuteSql (deleteSql);//执行删除语句，返回影响行数。

(4) if (deleteResult == 1) //根据返回影响行数判断是否删除数据成功。

(5) updateResult = DBHelper.ExecuteSql (updateSql);//执行修改客房状态语句。

(6) insertResult = DBHelper.ExecuteSql (insertSql);//执行插入语句，返回影响行数，将宾客入住信息插入到历史记录表中。

(7) if (insertResult == 1) //根据返回影响行数判断是否插入数据成功。

3. 已完成工作

(1) 窗体控件属性设置。

(2) 退房结算功能。

(3) 重置功能。

(4) 计算找零。

(5) 关闭窗体功能。

4. 待完善工作

(1) 异常处理。

(2) 编写代码，对实付文本框的数据输入进行数据检查，避免输入字符等信息。

(3) 当用户没有输入宾客姓名或者房号时单击"查询"按钮，通过在 DataGridView 控件中选择入住信息，完成退房结算，代码如何修改？

(4) 当用户输入宾客姓名时，如果存在同名宾客，代码该如何修改？

(5) 当宾客退房结算成功时，请编写代码刷新 DataGridView 控件数据。

(6) 将 DataGridView 的列标题显示为中文，代码如何修改？

4.4.9 补交押金功能模块设计

补交押金界面如图 4-51 所示。该界面的作用是完成宾客补交押金工作。

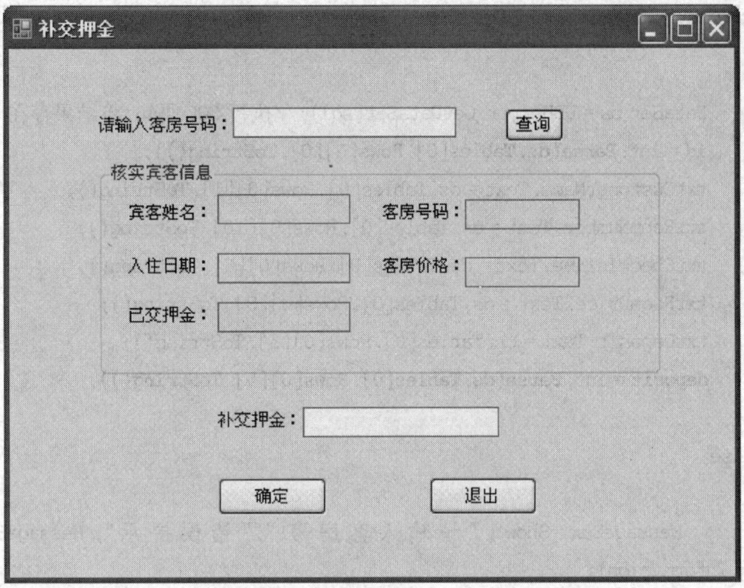

图 4-51 补交押金界面

1. 设计界面

补交押金界面所用主要控件如表 4-25 所示。

表 4-25 主要控件属性

控件类型	控件名称	主要属性设置	用途
TextBox	txtInpuyRoomNumber	Text 设置为空	输入客房号码
	txtCustomerName	Text 设置为空	显示宾客姓名
	txtRoomNumber	Text 设置为空，BackColor 设置为 Control	显示客房号码
	txtCheckInTime	Text 设置为空，BackColor 设置为 Control	显示入住日期
	txtRoomPrice	Text 设置为空，BackColor 设置为 Control	显示客房价格
	txtDeposit	Text 设置为空，BackColor 设置为 Control	显示已交押金
	txtPayDeposit	Text 设置为空	输入补交押金数
Button	btnSearch	Text 设置为"查询"	查询
	btnOK	Text 设置为"确定"	确定补交押金
	btnExit	Text 设置为"退出"	退出

2. 编写代码

(1) 首先需要两个变量，代码如下：

```
int id;
int deposit;
```

(2) 双击"查询"按钮，进入该按钮的单击事件，编写代码如下：

```
private void btnSearch_Click(object sender,EventArgs e)
{
    string sql;
    if(txtInpuyRoomNumber.Text！="")
```

```csharp
        {
            sql = "select * from CustomerInfo where RoomNumber = '" + txtInpuyRoomNumber.Text + "'";
            DataSet ds = DBHelper.GetDataSet(sql);//执行 SQL 语句,将结果存在 ds 中
            id = int.Parse(ds.Tables[0].Rows[0][0].ToString());
            txtCustomerName.Text = ds.Tables[0].Rows[0][1].ToString();
            txtRoomNumber.Text = ds.Tables[0].Rows[0][10].ToString();
            txtCheckInTime.Text = ds.Tables[0].Rows[0][6].ToString();
            txtRoomPrice.Text = ds.Tables[0].Rows[0][8].ToString();
            txtDeposit.Text = ds.Tables[0].Rows[0][5].ToString();
            deposit = int.Parse(ds.Tables[0].Rows[0][5].ToString());
        }
        else
        {
            MessageBox.Show("请输入客房号!","错误提示", MessageBoxButtons.OK, MessageBoxIcon.Information);
        }
    }
```

(3) 双击"确定"按钮,进入该按钮的单击事件,编写代码如下:

```csharp
    private void btnOK_Click(object sender,EventArgs e)
    {
        string sql;//定义一个变量用来输入修改语句,修改押金数额
        int result;//定义修改语句执行后的影响行数
        if (txtPayDeposit.Text! = "")
        {
            deposit = deposit + int.Parse(txtPayDeposit.Text);//将两次押金相加,作为新的押金
            sql = "update CustomerInfo set Deposit = '" + deposit + "' where ID = '" + id + "'";
            result = DBHelper.ExecuteSql(sql);//执行修改语句,返回影响行数
            if (result = = 1)//根据返回影响行数判断是否修改数据成功
            {
                MessageBox.Show("补交押金成功!","成功提示", MessageBoxButtons.OK, MessageBoxIcon.Information);
            }
            else
            {
                MessageBox.Show("补交押金失败!","错误提示", MessageBoxButtons.OK, MessageBoxIcon.Error);
            }
        }
```

```
        else
        {
                MessageBox.Show("请输入押金数!","错误提示",MessageBoxButtons.OK,
MessageBoxIcon.Information);
        }
}
```

(4) 双击"退出"按钮，进入该按钮的单击事件，编写代码如下：

```
private void btnExit_Click(object sender,EventArgs e)
{
        this.Close();//关闭当前窗体
}
```

分析：

1. 触发的事件

(1) btnSearch_Click：查询宾客入住信息。

(2) btnOK_Click：补交押金。

(3) btnExit_Click：关闭当前窗体。

2. 关键代码

(1) int id;//用于取得宾客登记编号，将其值作为修改语句的条件。

(2) int deposit;//用于取得已交押金的数额。

(3) id = int.Parse (ds.Tables [0].Rows [0][0].ToString());//读取 ds 的第一张表的第一行第一列的数据，将其赋值给 id 变量。

(4) deposit = int.Parse (ds.Tables [0].Rows [0][5].ToString());//根据押金字段在数据表的位置，读取出来。

(5) deposit = deposit + int.Parse (txtPayDeposit.Text);//将两次押金相加，作为新的押金。

(6) result = DBHelper.ExecuteSql (sql);//执行修改语句，返回影响行数。

(7) if (result == 1) //根据返回影响行数判断是否修改数据成功。

3. 已完成工作

(1) 窗体控件属性设置。

(2) 补交押金功能。

(3) 关闭窗体功能。

4. 待完善工作

(1) 异常处理。

(2) 当查询不到宾客信息时，代码将如何修改？

(3) 对补交押金文本框进行输入规范检查，代码如何修改？

4.4.10 房态查询功能模块设计

房态查询界面如图 4-52 所示。该界面的作用是查询房态。

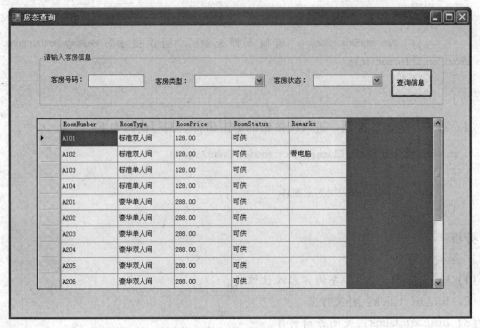

图 4-52 房态查询界面

1. 设计界面

房态查询界面所用主要控件如表 4-26 所示。

表 4-26 主要控件属性

控件类型	控件名称	主要属性设置	用途
TextBox	txtRoomNumber	Text 设置为空	输入客房号码
ComboBox	cboRoomType	Items 设置为： 标准单人间 标准双人间 豪华单人间 豪华双人间 商务套房 总统套房	选择客房类型
ComboBox	cboRoomStatus	Items 设置为： 可供 占用 预订 停用	选择客房状态
Button	btnSearch	Text 设置为"查询信息"	查询信息
DataGridView	dgvRoomInfo	Size 设置为"710，290"	显示客房信息

2. 编写代码

双击"查询信息"按钮，进入该按钮的单击事件，编写代码如下：

```
private void btnSearch_Click(object sender,EventArgs e)
```

```
        {
            string sql = "select * from RoomInfo where 1 = 1";
            if (txtRoomNumber.Text != "")//判断客房号是否为空
            {
                sql = sql + " and RoomNumber = '" + txtRoomNumber.Text + "'";
            }
            if (cboRoomType.Text != "")//判断客房类型是否为空
            {
                sql = sql + " and RoomType = '" + cboRoomType.Text + "'";
            }
            if (cboRoomStatus.Text != "")//判断客房状态是否为空
            {
                sql = sql + " and RoomStatus = '" + cboRoomStatus.Text + "'";
            }
            DataSet ds = DBHelper.GetDataSet(sql);//执行 SQL 语句,将结果存在 ds 中
            dgvRoomInfo.DataSource = ds.Tables[0];//将 ds 中的表作为 DataGridView 的数据源
        }
```

分析

1. 使用的变量

sql：用于接收查询语句。

2. 使用的方法

GetDataSet()：用于获得 ds。

3. 关键代码

(1) string sql="select * from RoomInfo where 1=1";//定义查询语句，条件设置为 1=1，方便后面的多条件组合查询。

(2) DataSet ds = DBHelper.GetDataSet（sql);//执行 SQL 语句，将结果存在 ds 中。

(3) dgvRoomInfo.DataSource = ds.Tables[0];//将 ds 中的表作为 DataGridView 的数据源。

4. 已完成工作

(1) 窗体控件属性设置。

(2) 房态查询功能。

5. 待完善工作

(1) 文本框的输入规范检查。

(2) 异常处理。

(3) 将 DataGridView 的列标题显示为中文，代码如何修改？

(4) 要求对信息进行模糊查询，请修改代码。

4.4.11 宾客查询功能模块设计

宾客查询界面如图 4-53 所示。该界面的作用是查询宾客基本信息。

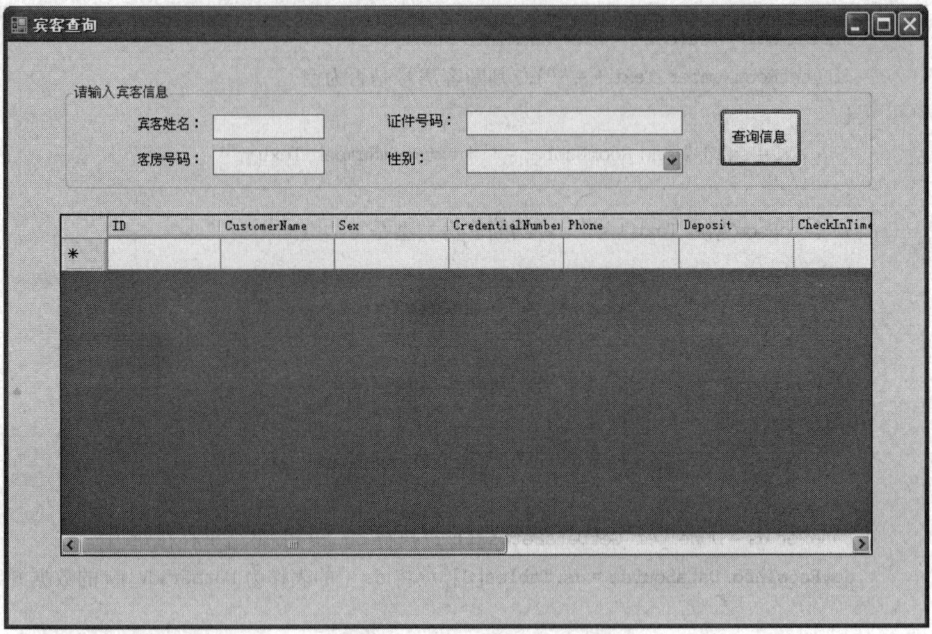

图 4-53 宾客查询界面

1. 设计界面

宾客查询界面所用主要控件如表 4-27 所示。

表 4-27 主要控件属性

控件类型	控件名称	主要属性设置	用途
TextBox	txtCustomerName	Text 设置为空	输入宾客姓名
	txtCredentialNumber	Text 设置为空	输入证件号码
	txtRoomNumber	Text 设置为空	输入客房号码
ComboBox	cboSex	Items 设置为: 男 女	选择性别
Button	btnSearch	Text 设置为"查询信息"	查询信息
DataGridView	dgvCustomerInfo	Size 设置为"710, 290"	显示宾客信息

2. 编写代码

双击"查询信息"按钮,进入该按钮的单击事件,编写代码如下:

```
private void btnSearch_Click(object sender,EventArgs e)
{
    string sql = "select * from CustomerInfo where 1 = 1";
    if (txtCustomerName.Text ! = "")//判断客户姓名是否为空
    {
```

```
            sql = sql + " and CustomerName ='" + txtCustomerName.Text + "'";
        }
        if (txtRoomNumber.Text != "")//判断客房号是否为空
        {
            sql = sql + " and RoomNumber ='" + txtRoomNumber.Text + "'";
        }
        if (txtCredentialNumber.Text != "")//判断证件号是否为空
        {
            sql = sql + " and CredentialNumber ='" + txtCredentialNumber.Text + "'";
        }
        if (cboSex.Text != "")//判断性别是否为空
        {
            sql = sql + " and Sex ='" + cboSex.Text + "'";
        }
        DataSet ds = DBHelper.GetDataSet(sql);//执行 SQL 语句,将结果存在 ds 中
        dgvCustomerInfo.DataSource = ds.Tables[0];//将 ds 中的表作为 DataGridView 的数据源
    }
```

分析：

1. 使用的变量

sql：用于接收查询语句。

2. 使用的方法

GetDataSet()：用于获得 ds。

3. 关键代码

(1) string sql = "select * from CustomerInfo where 1=1";//定义查询语句，条件设置为 1=1，方便后面的多条件组合查询。

(2) DataSet ds = DBHelper.GetDataSet (sql);//执行 SQL 语句，将结果存在 ds 中。

(3) dgvCustomerInfo.DataSource = ds.Tables [0];//将 ds 中的表作为 DataGridView 的数据源。

4. 已完成工作

(1) 窗体控件属性设置。

(2) 宾客查询功能。

5. 待完善工作

(1) 文本框的输入规范检查。

(2) 异常处理。

(3) 将 DataGridView 的列标题显示为中文，代码如何修改？

(4) 要求对信息进行模糊查询，请修改代码。

4.4.12 预订查询功能模块设计

预订查询界面如图 4-54 所示。该界面的作用是查询预订信息。

1. 设计界面

预订查询界面所用主要控件如表 4-28 所示。

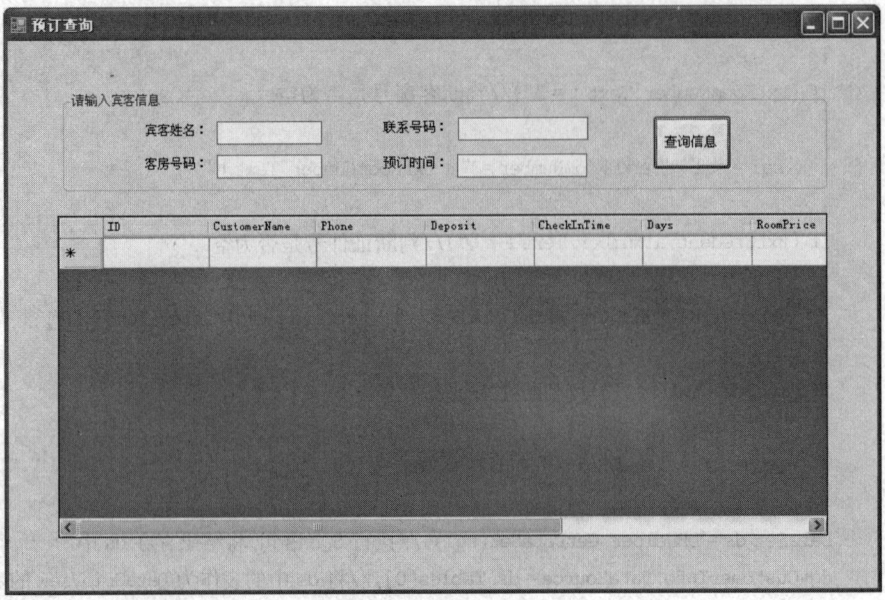

图 4-54 预订查询界面

表 4-28 主要控件属性

控件类型	控件名称	主要属性设置	用途
TextBox	txtCustomerName	Text 设置为空	输入宾客姓名
	txtPhone	Text 设置为空	输入联系号码
	txtRoomNumber	Text 设置为空	输入客房号码
	txtCheckInTime	Text 设置为空	输入预订时间
Button	btnSearch	Text 设置为"查询信息"	查询信息
DataGridView	dgvBookInfo	Size 设置为"710，290"	显示预订信息

2. 编写代码

双击"查询信息"按钮，进入该按钮的单击事件，编写代码如下：

```
private void btnSearch_Click(object sender,EventArgs e)
{
    string sql = "select * from BookInfo where 1 = 1";
    if (txtCustomerName.Text ! = "")//判断客户姓名是否为空
    {
        sql = sql + " and CustomerName = '" + txtCustomerName.Text + "'";
    }
    if (txtRoomNumber.Text ! = "")//判断客房号是否为空
    {
        sql = sql + " and RoomNumber = '" + txtRoomNumber.Text + "'";
    }
    if (txtPhone.Text ! = "")//判断联系电话是否为空
    {
```

```
            sql = sql + " and Phone = '" + txtPhone.Text + "'";
        }
        if(txtCheckInTime.Text ! = "")//判断入住时间是否为空
        {
            sql = sql + " and CheckInTime = '" + txtCheckInTime.Text + "'";
        }
        DataSet ds = DBHelper.GetDataSet(sql);//执行 SQL 语句,将结果存在 ds 中
        dgvBookInfo.DataSource = ds.Tables[0];//将 ds 中的表作为 DataGridView 的数据源
    }
```

分析：

1. 使用的变量

sql：用于接收查询语句。

2. 使用的方法

GetDataSet()：用于获得 ds。

3. 关键代码

(1) string sql = "select * from BookInfo where 1=1";//定义查询语句，条件设置为 1=1，方便后面的多条件组合查询。

(2) DataSet ds = DBHelper.GetDataSet (sql);//执行 SQL 语句，将结果存在 ds 中。

(3) dgvBookInfo.DataSource = ds.Tables [0];//将 ds 中的表作为 DataGridView 的数据源。

4. 已完成工作

(1) 窗体控件属性设置。

(2) 预订查询功能。

5. 待完善工作

(1) 文本框的输入规范检查。

(2) 异常处理。

(3) 将 DataGridView 的列标题显示为中文，代码如何修改？

(4) 要求对信息进行模糊查询，请修改代码。

4.4.13 添加用户功能模块设计

添加用户界面如图 4-55 所示。该界面的作用是添加用户信息。

图 4-55 添加用户界面

1. 设计界面

添加用户界面所用控件不多。表 4-29 列出了控件的属性设置。

表 4-29 控件属性

控件类型	控件名称	主要属性设置	用途
Label	lblName	Text 设置为"用户姓名："	显示提示文字
	lblPassword	Text 设置为"用户密码："	显示提示文字
	lblUserType	Text 设置为"用户类型："	显示提示文字
TextBox	txtUserName	Text 设置为空	输入用户姓名
	txtUserPassword	Text 设置为空，PasswordChar 属性设置为 *	输入用户密码
ComboBox	cboUserType	Items 设置为： 　管理员 　操作员 　经理	选择用户的类型
Button	btnAdd	Text 设置为"添加"	添加
	btnReset	Text 设置为"重置"	重置

2. 编写代码

（1）双击"添加"按钮，进入该按钮的单击事件，编写代码如下：

```
private void btnAdd_Click(object sender,EventArgs e)
{
    string sql;
    string userName = txtUserName.Text;
    string userPassword = txtUserPassword.Text;
    string userType = cboUserType.Text;
    int result;
    sql = "insert into UserInfo(UserName,UserPassword,UserType) values( '" + userName + "','" + userPassword + "','" + userType + "')";//定义插入语句
        if (txtUserName.Text ! = "" && txtUserPassword.Text ! = "" && cboUserType.Text ! = "")//判断输入文本框等是否有数据
        {
        result = DBHelper.ExecuteSql(sql);//执行插入语句,返回影响行数
        if (result = = 1)//根据返回影响行数判断是否插入数据成功
        {
            MessageBox.Show("用户添加成功!","成功提示",MessageBoxButtons.OK,MessageBoxIcon.Information);
        }
        else
        {
            MessageBox.Show("用户添加失败!","错误提示",MessageBoxButtons.OK,MessageBoxIcon.Error);
```

```csharp
            }
        }
        else
        {
            MessageBox.Show("请检查数据输入的正确性!","错误提示", MessageBoxButtons.OK, MessageBoxIcon.Information);
        }
    }
```

(2) 双击"重置"按钮，进入该按钮的单击事件，编写代码如下：

```csharp
private void btnReset_Click(object sender,EventArgs e)
{
    txtUserName.Text = "";
    txtUserPassword.Text = "";
    txtUserName.Focus();//将光标放在文本框上
}
```

分析：

1. 使用的变量

(1) sql：用于接收插入语句。

(2) userName：用于接收用户姓名文本框输入的内容。

(3) userPassword：用于接收用户密码文本框输入的内容。

(4) userType：用于接收用户类型文本框输入的内容。

(5) result：用于接收影响的行数。

2. 使用的方法

(1) ExecuteSql()：用于执行插入语句。

(2) Focus()：将光标放在文本框上。

3. 关键代码

(1) result = DBHelper.ExecuteSql（sql）;//执行插入语句，返回影响行数。

(2) if（result == 1） //根据返回影响行数判断是否插入数据成功。

(3) txtUserName.Focus();//将光标放在文本框上。

4. 已完成工作

(1) 窗体控件属性设置。

(2) 用户信息的添加功能。

(3) 重置功能。

5. 待完善工作

(1) 文本框的输入规范检查。

(2) 如果添加的用户名重复，代码如何修改？

4.4.14 管理用户功能模块设计

管理用户界面如图 4-56 所示。该界面的作用是管理用户信息。

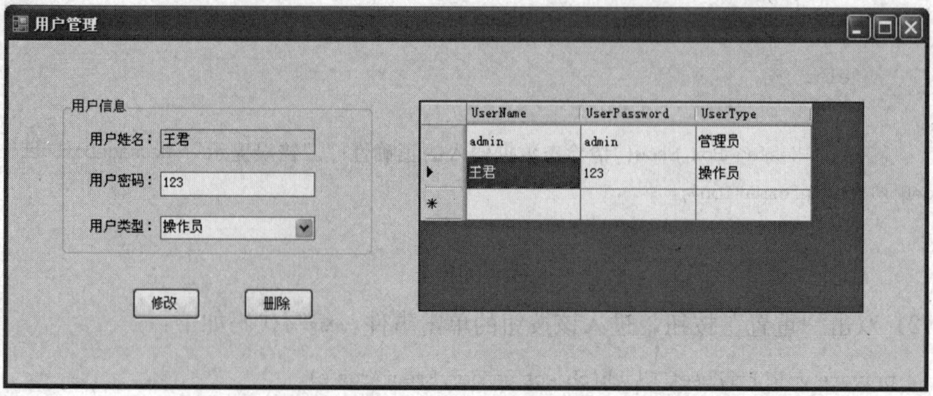

图 4-56 管理用户界面

1. 设计界面

管理用户界面所用主要控件如表 4-30 所示。

表 4-30 控件属性

控件类型	控件名称	主要属性设置	用途
Label	lblName	Text 设置为"用户姓名:"	显示提示文字
Label	lblPassword	Text 设置为"用户密码:"	显示提示文字
Label	lblUserType	Text 设置为"用户类型:"	显示提示文字
TextBox	txtUserName	Text 设置为空	显示用户姓名
TextBox	txtUserPassword	Text 设置为空	输入用户密码
ComboBox	cboUserType	Items 设置为: 管理员 操作员 经理	选择用户类型
Button	btnEdit	Text 设置为"修改"	修改
Button	btnDel	Text 设置为"删除"	删除
DataGridView	dgvUserInfo	Size 设置为"387,179"	显示用户信息

2. 编写代码

(1) 首先需要定义一个方法,用于将数据绑定到 DataGridView 控件,代码如下:

```
public void DataBind()//定义一个函数用于绑定数据到 DataGridView
{
    string sql = "select * from UserInfo";
    DataSet ds = DBHelper.GetDataSet(sql);//执行 SQL 语句,将结果存在 ds 中
    dgvUserInfo.DataSource = ds.Tables[0];//将 ds 中的表作为 DataGridView 的数据源
}
```

(2) 登录窗体时,将数据绑定到 DataGridView 控件,代码如下:

```
private void UserManage_Load(object sender, EventArgs e)
```

```
        {
            DataBind();//窗体登录时绑定数据到DataGridView
        }
```

(3) 双击"修改"按钮,进入该按钮的单击事件,编写代码如下:

```
        private void btnEdit_Click(object sender,EventArgs e)
        {
            string sql;//定义一个变量用来输入修改语句,修改用户信息
            string userName = txtUserName.Text;
            string userPassword = txtUserPassword.Text;
            string userType = cboUserType.Text;
            int result;
            sql = "update UserInfo set UserPassword = '" + userPassword + "',UserType = '" + userType + "' where UserName = '" + userName + "'";
            if (txtUserName.Text ! = "" && txtUserPassword.Text ! = "" && cboUserType.Text ! = "")
            {
                result = DBHelper.ExecuteSql(sql);//执行修改语句,返回影响行数
                if (result = = 1)//根据返回影响行数判断是否修改数据成功
                {
                    MessageBox.Show("用户修改成功!","成功提示",MessageBoxButtons.OK,MessageBoxIcon.Information);
                    DataBind();
                }
                else
                {
                    MessageBox.Show("用户修改失败!","错误提示",MessageBoxButtons.OK,MessageBoxIcon.Error);
                }
            }
            else
            {
                MessageBox.Show("请检查数据输入的正确性!","错误提示",MessageBoxButtons.OK,MessageBoxIcon.Information);
            }
        }
```

(4) 双击"删除"按钮,进入该按钮的单击事件,编写代码如下:

```
        private void btnDel_Click(object sender,EventArgs e)
        {
            string sql;//定义一个变量用来输入删除语句,删除用户信息
            string userName = txtUserName.Text;
            sql = "delete UserInfo where UserName = '" + userName + "'";
            int result = DBHelper.ExecuteSql(sql);//执行删除语句,返回影响行数
```

```
            if (result = = 1)//根据返回影响行数判断是否删除数据成功
            {
                    MessageBox.Show("用户删除成功!","成功提示", MessageBoxButtons.OK,
MessageBoxIcon.Information);
                    DataBind();
            }
            else
            {
                    MessageBox.Show("用户删除失败!","错误提示", MessageBoxButtons.OK,
MessageBoxIcon.Error);
            }
    }
```

（5）需要选择 dgvUserInfo 控件的内容时，将数据填充到文本框中，编写代码如下：

```
    private void dgvUserInfo_CellClick(object sender,DataGridViewCellEventArgs e)
    {
        txtUserName.Text = dgvUserInfo.CurrentCell.OwningRow.Cells[0].Value.ToString();
        txtUserPassword.Text = dgvUserInfo.CurrentCell.OwningRow.Cells[1].Value.ToString();
        cboUserType.Text = dgvUserInfo.CurrentCell.OwningRow.Cells[2].Value.ToString();
    }
```

分析：

1. 触发的事件

（1）UserManage_Load：窗体加载，调用 DataBind 方法，将数据填充到 DataGridView 控件中。

（2）btnEdit_Click：修改用户信息。

（3）btnDel_Click：删除用户信息。

（4）dgvUserInfo_CellClick：当用户单击 DataGridView 控件单元格时触发的事件，主要功能是将选中的单元格数据显示到文本框中。

2. 定义的方法

DataBind()，用于绑定数据到 DataGridView 控件中。

3. 关键代码

（1）result = DBHelper.ExecuteSql（sql）；//执行修改语句，返回影响行数。

（2）if (result == 1) //根据返回影响行数判断是否修改数据成功。

（3）DataBind();//在 UserManage_Load 事件中调用是为了窗体加载时就将预订信息填充到 DataGridView 控件中去，在修改或者删除用户信息成功后调用此方法，刷新 DataGridView 控件的数据。

（4）int result = DBHelper.ExecuteSql（sql）；//执行删除语句，返回影响行数。

（5）if (result == 1) //根据返回影响行数判断是否删除数据成功。

4. 已完成工作

（1）窗体控件属性设置。

(2) 修改用户信息功能。
(3) 删除用户信息功能。

5. 待完善工作

(1) 异常处理。
(2) 要求 admin 用户不得删除，只能修改密码，请修改代码。
(3) 将 DataGridView 的列标题显示为中文，代码如何修改？

至此，酒店客房管理系统基本开发完成，读者可以根据具体情况对系统界面进行美化、对系统进行打包等工作。

项目总结

酒店客房管理系统总共包括 14 个窗体和 1 个公共类，涉及酒店管理行业的宾客入住直到退房结算等方方面面的工作，基本能满足小型酒店的信息管理。表 4-31 列出了设计的窗体和类。

表 4-31 系统窗体和类

名称	说明
Login	登录窗体
HotelManage	主界面
CheckIn	宾客登记窗体
BookRoom	宾客预订窗体
CancelReservation	取消预订窗体
CheckOut	退房结算窗体
PayDeposit	补交押金窗体
RoomSearch	房态查询窗体
CustomerSearch	宾客查询窗体
BookSearch	预订查询窗体
AddRoom	客房添加窗体
RoomManage	客房管理窗体
AddUser	添加用户窗体
UserManage	管理用户窗体
DBHelper	公共类，封装了对数据的基本操作

自我拓展

虽然本项目完成了整个酒店客房管理系统的设计，但其功能还有许多不足之处，和同类商业软件相比有很大的差距，需要读者对系统功能进行拓展。下面列出几个可以拓展的方面：

(1) 对历史记录的数据分析。
(2) 将每个客房的状态用图标显示在主界面。
(3) 对宾客进行分类,增加营销管理,对不同的用户采用不同的价格机制。
(4) 增加酒店财务管理模块。
(5) 增加团体入住登记和预订功能。
(6) 实现不同登录用户不同权限的设计。

项目 5　基于三层架构的企业人事工资管理系统

项目知识目标

- 掌握三层架构的基础知识
- 掌握三层架构的搭建方法
- 掌握三层架构间各层如何引用和使用的方法

项目能力目标

- 能够基于三层架构开发一个小型的应用系统
- 能够整体规划一个小型应用系统

随着信息技术的不断发展，各行各业所要管理、涉及的数据信息量越来越多、越来越大，随之而来的管理成本不断提高。一直以来，人们使用传统的人工方式进行人事工资管理，这种管理方式存在着许多缺点与漏洞，如效率低、保密性差等。另外，时间一长，将产生大量的文件和数据，这给查找、更新和维护都带来了不少的困难。

"企业人事工资管理系统"是一个企业单位进行行政及财务管理不可缺少的部分，它是企业决策者和管理者从事管理的重要辅助工具，也是企业普通员工进行相关查询的主要手段。该系统将提高人事工资管理的效率，也是企业科学化、正规化管理与世界接轨的重要条件。

本项目基于三层架构开发一套企业人事工资管理系统。通过完成整个系统的开发，使读者掌握三层架构的基础知识以及三层架构的搭建方法，能够基于三层架构开发一个小型的应用系统。

任务 5.1　系统功能总体设计

企业人事工资管理系统主要包括以下几个界面：用户登录、用户添加、用户管理、主界面、添加部门、管理部门、添加员工、管理员工、添加工资、管理工资、添加考核、管理考核、员工查询、考核查询。

5.1.1　系统的功能结构设计

本系统的功能模块有以下几个：员工管理（包括添加员工和管理员工）、工资管理（包括添加工资和管理工资）、考核管理（包括添加考核和管理考核）、信息查询（包括员工查询和考核查询）、部门维护（包括添加部门和管理部门）、用户维护（包括添加用户和管理用户)。

系统的功能结构如图 5-1 所示。

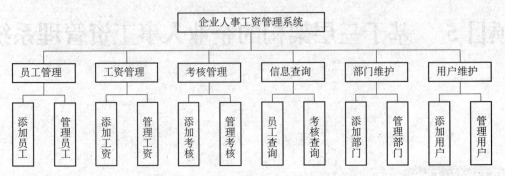

图 5-1　企业人事工资管理系统功能结构图

5.1.2　系统浏览

1. 登录

"用户登录"界面如图 5-2 所示。

图 5-2　"用户登录"界面

2. 主界面

主界面如图 5-3 所示。

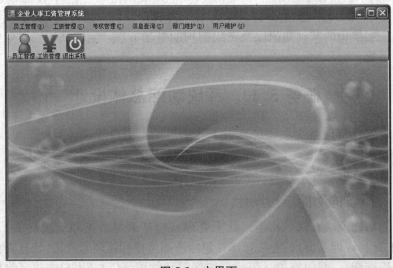

图 5-3　主界面

3. 员工管理

(1) 添加员工

"添加员工"界面如图 5-4 所示。

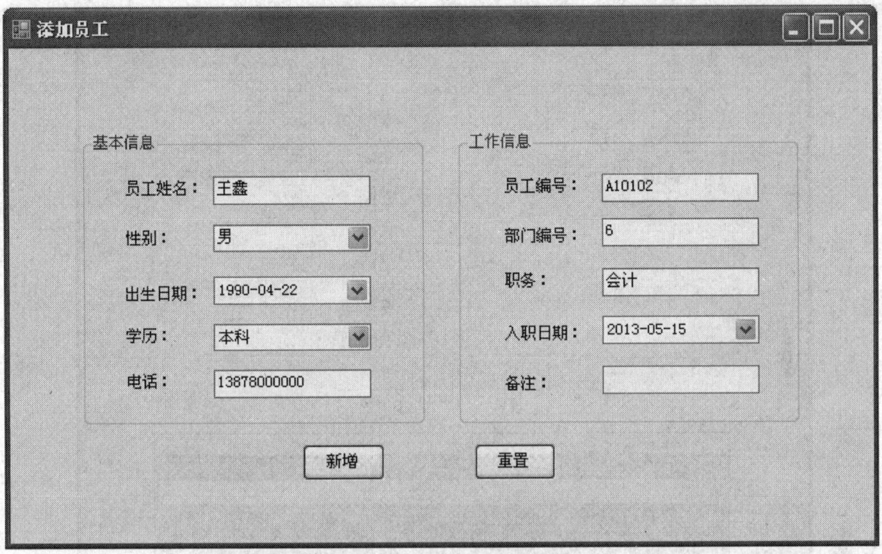

图 5-4 "添加员工"界面

(2) 管理员工

"管理员工"界面如图 5-5 所示。

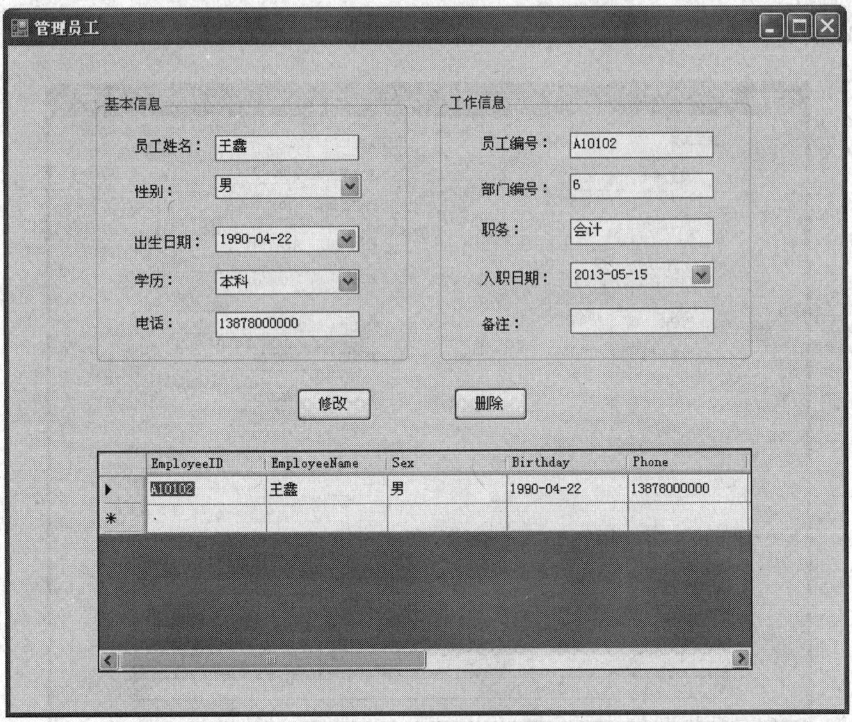

图 5-5 "管理员工"界面

4. 工资管理

（1）添加工资

"添加工资"界面如图5-6所示。

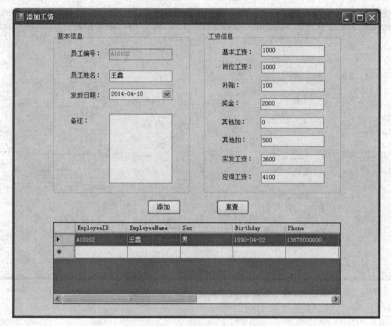

图5-6 "添加工资"界面

（2）管理工资

"管理工资"界面如图5-7所示。

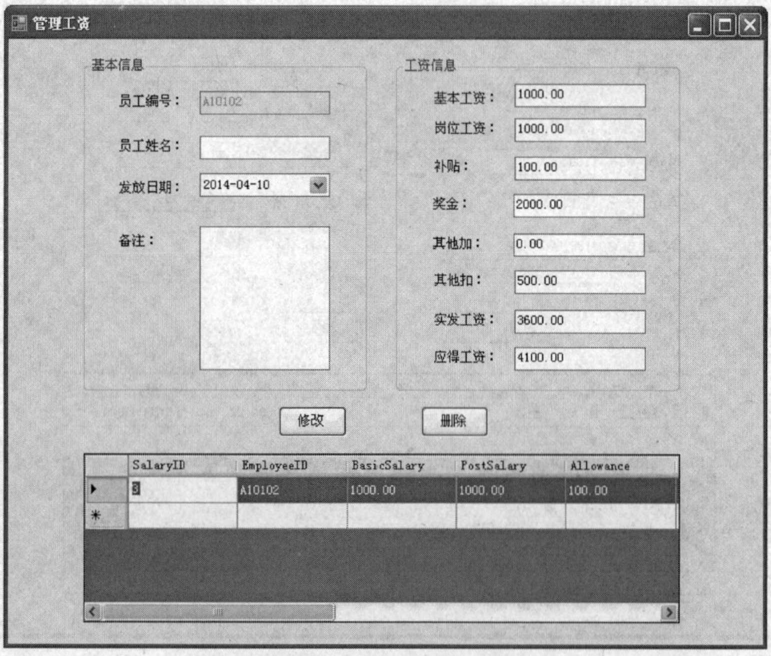

图5-7 "管理工资"界面

5. 考核管理
(1) 添加考核

"添加考核"界面如图 5-8 所示。

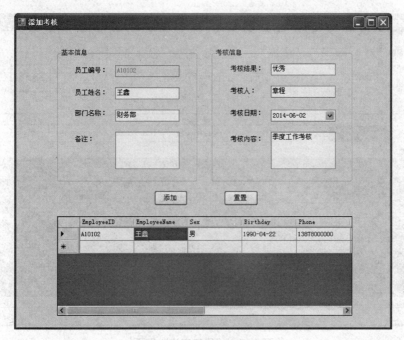

图 5-8 "添加考核"界面

(2) 管理考核

"管理考核"界面如图 5-9 所示。

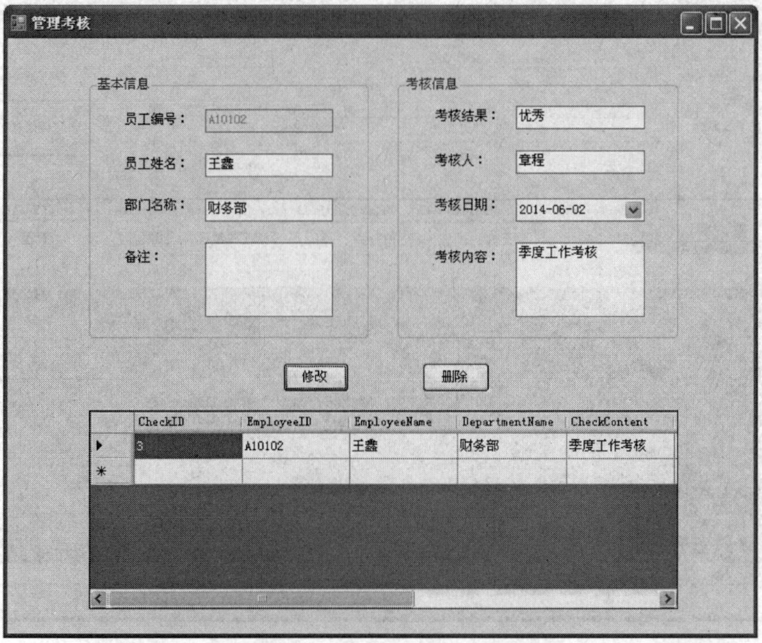

图 5-9 "管理考核"界面

6. 信息查询

(1) 员工查询

"员工查询"界面如图 5-10 所示。

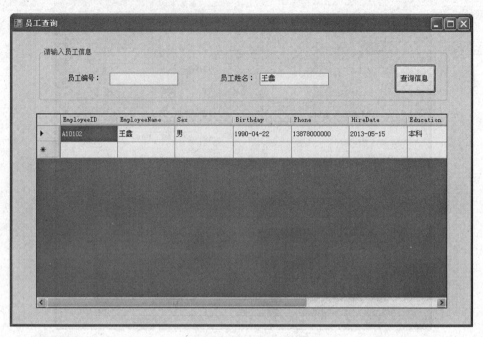

图 5-10 "员工查询"界面

(2) 考核查询

"考核查询"界面如图 5-11 所示。

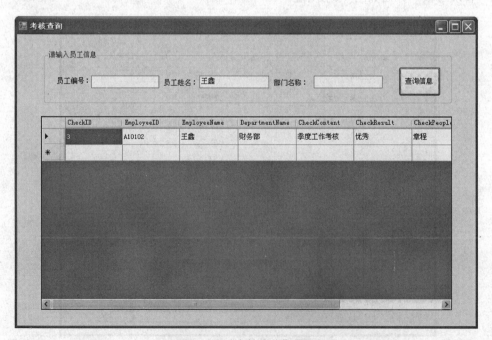

图 5-11 "考核查询"界面

7. 部门维护

（1）添加部门

"添加部门"界面如图 5-12 所示。

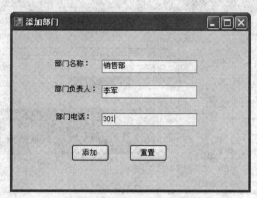

图 5-12 "添加部门"界面

（2）管理部门

"管理部门"界面如图 5-13 所示。

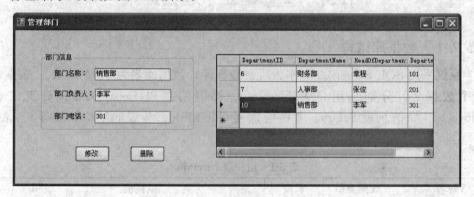

图 5-13 "管理部门"界面

8. 用户维护

（1）添加用户

"添加用户"界面如图 5-14 所示。

(2) 管理用户

"管理用户"界面如图 5-15 所示。

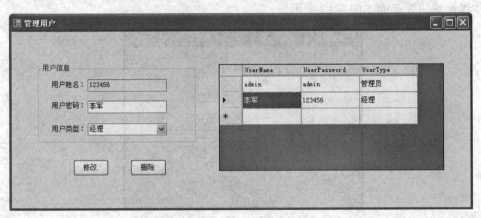

图 5-15 "管理用户"界面

任务 5.2 建立系统数据库

5.2.1 数据库结构

本系统采用 SQL Server 2008 作为后台数据库,数据库名为 HRManage。数据库包含 5 个数据表,分别是用户表 UserInfo、部门信息表 Department、员工信息表 Employee、工资信息表 Salary、考核信息表 CheckInfo。各表的结构如表 5-1～表 5-5 所示。

表 5-1 用户表 UserInfo

列名	数据类型	长度	是否允许为空	默认值	说明
UserName	nvarchar	50	否		用户姓名(主键)
UserPassword	nvarchar	50	否		用户密码
UserType	nvarchar	50	否		用户类型

表 5-2 部门信息表 Department

列名	数据类型	长度	是否允许为空	默认值	说明
DepartmentID	int	4	否		部门编号(主键、标识)
DepartmentName	nvarchar	50	是		部门名称
HeadOfDepartment	nvarchar	50	是		部门负责人
DepartmentPhone	nvarchar	50	是		部门电话

表 5-3 员工信息表 Employee

列名	数据类型	长度	是否允许为空	默认值	说明
EmployeeID	nvarchar	50	否		员工编号(主键)
EmployeeName	nvarchar	50	否		员工姓名

续表

列名	数据类型	长度	是否允许为空	默认值	说明
Sex	nchar	2	否	男	性别
Birthday	datetime	8	是		出生日期
Phone	nvarchar	20	否		电话
HireDate	datetime	8	是		入职日期
Education	nvarchar	20	是		学历
DepartmentID	int	4	否		部门编号
Position	nvarchar	20	否		职务
Remarks	nvarchar	MAX	是		备注

表 5-4 工资信息表 Salary

列名	数据类型	长度	是否允许为空	默认值	说明
SalaryID	int	4	否		工资编号（主键、标识）
EmployeeID	nvarchar	50	否		员工编号
BasicSalary	numeric	9	否		基本工资
PostSalary	numeric	9	否		岗位工资
Allowance	numeric	9	是		补贴
Bouns	numeric	9	是		奖金
OtherAdd	numeric	9	是		其他加
OtherSubtract	numeric	9	是		其他扣
FinalPay	numeric	9	否		实发工资
TotalPay	numeric	9	否		应得工资
SalayMonth	nvarchar	50	否		发放日期
Remarks	nvarchar	MAX	是		备注

表 5-5 考核信息表 CheckInfo

列名	数据类型	长度	是否允许为空	默认值	说明
CheckID	int	4	否		考核编号（主键、标识）
EmployeeID	nvarchar	50	否		员工编号
EmployeeName	nvarchar	50	否		员工姓名
DepartmentName	nvarchar	50	否		员工部门
CheckContent	nvarchar	50	否		考核内容
CheckResult	nvarchar	50	否		考核结果
CheckPeople	nvarchar	50	否		考核人
CheckDate	datetime	8	否		考核日期
Remarks	nvarchar	MAX	是		备注

5.2.2 建立数据库

(1) 启动 SQL Server 2008 数据库,输入正确的服务器名称。一般本地服务器名称使用"localhost"或".","身份验证"选择"Windows 身份验证"。单击"连接"按钮,如图 5-16 所示。连接数据库服务器成功后,进入数据库管理界面,如图 5-17 所示。

图 5-16 "连接到服务器"对话框

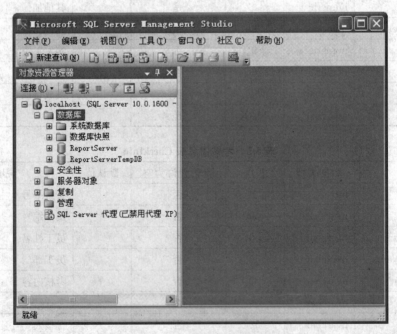

图 5-17 数据库管理界面

(2) 在数据库管理界面中,用鼠标右键单击"数据库",然后在快捷菜单中选择"新建数据库"命令,如图 5-18 所示。

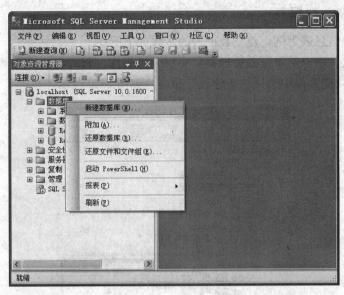

图 5-18　新建数据库界面

（3）在出现的数据库创建界面上，在"数据库名称"部分输入"HRManage"。选择数据库文件存储的路径后，单击"确定"按钮，将创建一个名称为"HRManage"的数据库，如图 5-19 所示。

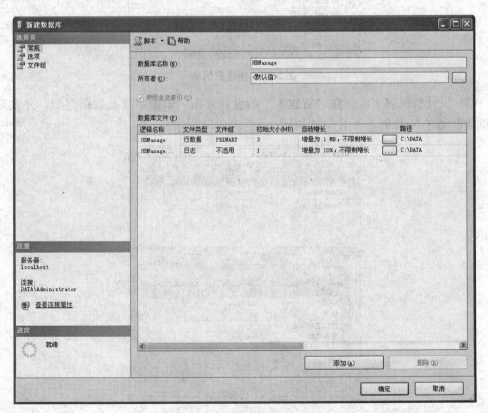

图 5-19　"新建数据库"对话框

5.2.3 建立数据表

以建立用户信息表为例,建立数据表的步骤如下所述。

(1) 新建表。在"对象资源管理器"中展开数据库"HRManage",然后用鼠标右键单击"表",在快捷菜单中选择"新建表"命令,如图 5-20 所示。

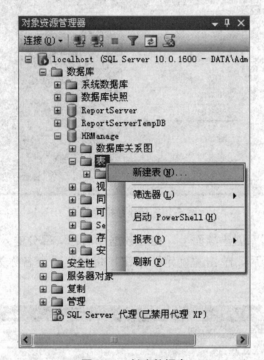

图 5-20 创建数据表

(2) 设计数据表字段。在"新建表"的设计界面,添加字段及数据类型,并设置主键和是否允许 Null 值,如图 5-21 所示。

图 5-21 设计数据表的字段

(3)保存数据表。设计好字段之后,单击"保存"按钮,将数据表名保存为"UserInfo",如图5-22所示。

图 5-22 保存数据表界面

采用同样的方法,创建其他数据表。

(4)建立数据库关系图。

展开"HRManage"数据库,再选择"数据库关系图"项,然后用鼠标右键选择"新建数据库关系图"命令,将需要建立关系的表添加进去,如图5-23所示。

图 5-23 新建数据库关系图

添加好表后,将有 Salary 表的 EmployeeID 与 Employee 表的 EmployeeID 建立关系、Employee表的 DepartmentID 与 Department 表的 DepartmentID 字段建立关系,如图5-24所示。

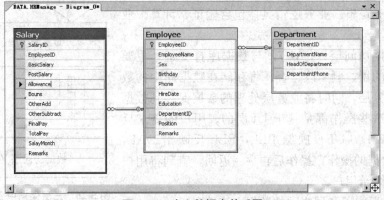

图 5-24 建立数据库关系图

任务 5.3　搭建三层架构框架

5.3.1　三层架构概述

1. 什么是三层架构

三层架构通常是指将整个业务应用划分为表示层（UI）、业务逻辑层（BLL）和数据访问层（DAL），目的是实现"高内聚，低耦合"。其中，表示层是展现给用户的界面；业务逻辑层是针对具体问题的操作，是对数据访问层的操作，对数据业务逻辑处理；数据访问层直接操作数据库，针对数据进行插入、修改、删除和查找等工作。

三层架构的分层结构如图 5-25 所示。

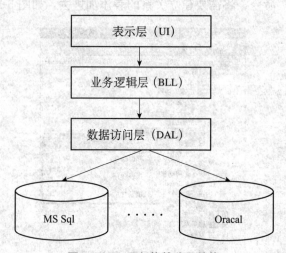

图 5-25　三层架构的分层结构

2. 三层架构中各层的作用

（1）表示层（UI）：主要是指与用户交互的界面，用于接收用户输入的数据和显示处理后用户需要的数据。

（2）业务逻辑层（BLL）：UI 层和 DAL 层之间的桥梁，实现业务逻辑。业务逻辑具体包含验证、计算、业务规则等。

（3）数据访问层（DAL）：与数据库打交道，主要实现对数据的增、删、改、查。将存储在数据库中的数据提交给业务层，同时将业务层处理的数据保存到数据库。当然，这些操作都是基于 UI 层的。用户的需求反映给界面（UI），UI 反映给 BLL，BLL 反映给 DAL，DAL 进行数据的操作，操作后再一一返回，直到将用户所需数据反馈给用户。

图 5-26 反映了各层之间的数据交流情况。

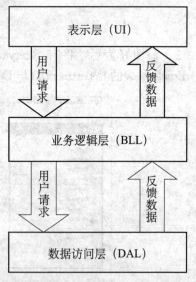

图 5-26　三层架构中各层的数据交流

3. 三层架构的优点

采用三层结构，主要是使项目结构更清楚，分工更明确，有利于后期的维护和升级。三层架构主要有以下几个优点：

（1）开发人员可以只关注整个结构中的某一层。

（2）可以很容易地用新的实现来替换原有层次的实现。

（3）可以降低层与层之间的依赖。

（4）有利于标准化。

（5）利于各层逻辑的复用。

（6）结构更加明确。

（7）在后期维护的时候，极大地降低了维护成本和维护时间。

4. 三层架构的缺点

（1）降低了系统的性能。如果不采用分层式结构，很多业务可以直接访问数据库，以此获取相应的数据，如今却必须通过中间层来完成。

（2）有时会导致级联的修改。这种修改尤其体现在自上而下的方向。如果在表示层中需要增加一个功能，为保证其设计符合分层式结构，可能需要在相应的业务逻辑层和数据访问层中都增加相应的代码。

（3）增加了代码量，增加了工作量。

5. 关于 Model 层

Model 层中有什么？仅仅是一些实体类，int、string、double 等也是类。Model 层在三层架构中是可有可无的。这样，Model 层在三层架构中的位置和 int、string 等变量的地位一样，没有其他目的，仅用于数据存储，只不过它存储的是复杂的数据。所以，如果项目中的对象都非常简单，不用 Model，直接传递多个参数，也能实现三层架构。

那为什么还要建立 Model 层呢？下面的例子能说明 Model 层的作用。

例如，在各层间传递参数时，可以用以下代码实现：

```
AddUser(UserName,UserPassword,UserType)
```

也可以建立 Model 层，代码变成：

```
AddUser(UserInfo)
```

显然，采用第二种方式较好，它使得传递参数时更方便。

6. 关于数据操作类 DbHelperSQL

在后面的内容中，在 DAL 层添加了一个数据操作类 DbHelperSQL，其主要作用是封装了一些对数据的操作，将一些操作写成一个个方法，放在一个类中，方便 DAL 层调用。这样，实现了代码的重复使用（重用），类似于上一项目中的公共类 DBHelper。

5.3.2 搭建三层架构框架

1. 搭建三层架构框架

（1）创建空的解决方案。在"文件"菜单下，选择"新建"菜单的下级菜单"项目"，在弹出的"新建项目"对话框的"已安装的模板"中选择"Visual Studio 解决方案"，再选择"空白解决方案"，名称输入为"HRManage"，如图 5-27 所示。

图 5-27　新建空白解决方案

（2）搭建数据库实体层 Model（类库）。

在解决方案中用鼠标右键单击，然后在快捷菜单中选择"添加"→"新建项目"命令，如图 5-28 所示。

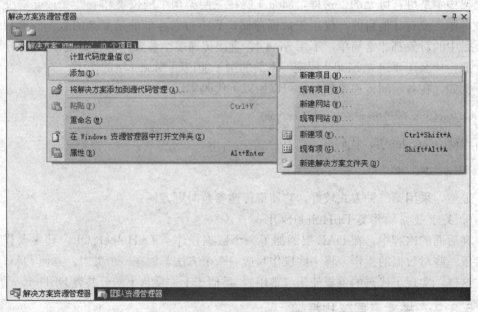

图 5-28　添加新项目

在"添加新项目"窗口中选择"类库"，项目名称为"Model"，如图 5-29 所示。

图 5-29 新建 Model 项目

(3) 搭建数据访问层 DAL（类库）。

类似搭建 Model 层，搭建数据访问层 DAL，如图 5-30 所示。

图 5-30 搭建数据访问层 DAL

(4) 搭建业务逻辑层 BLL（类库）。

类似搭建 Model 层，搭建业务逻辑层 BLL，如图 5-31 所示。

(5) 搭建表示层 UL（添加一个 Windows 窗体应用程序 HRManage）。

类似于添加类库，添加一个 Windows 窗体应用程序 HRManage，如图 5-32 所示。

图 5-31 搭建业务逻辑层 BLL

图 5-32 添加 Windows 窗体应用程序

(6) 将表示层项目设置为启动项目。

选择"HRManage"项目,用鼠标右键单击后,在快捷菜单中选择"设为启动项目"命令,如图 5-33 所示。

(7) 添加各层之间的相互依赖。

通过搭建以上各层,整个解决方案结构包括了如图 5-34 所示的几个项目。

①为 DAL 项目添加引用。选择"DAL"项目,用鼠标右键单击后,在快捷菜单中选择"添加引用"命令,如图 5-35 所示。在"添加引用"窗体,选择"Model"项目,如图 5-36 所示。

项目 5 基于三层架构的企业人事工资管理系统

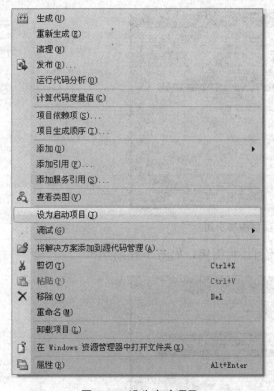

图 5-33 设为启动项目　　　　图 5-34 解决方案结构

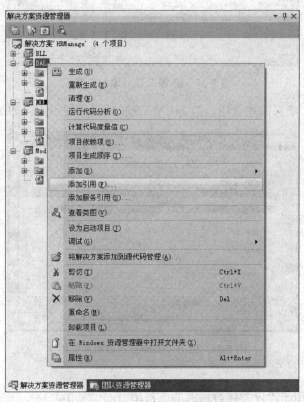

图 5-35 添加引用

147

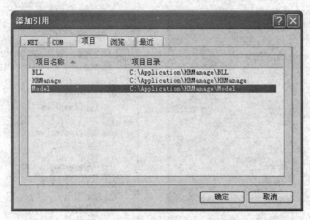

图 5-36　DAL 项目添加引用

②类似给 DAL 项目添加引用，给 BLL 项目添加引用，如图 5-37 所示。

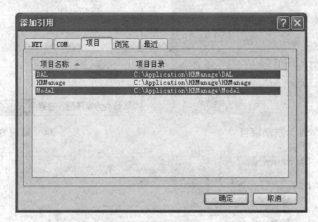

图 5-37　给 BLL 项目添加引用

③类似给 DAL 项目添加引用，给 HRManage 项目添加引用，如图 5-38 所示。

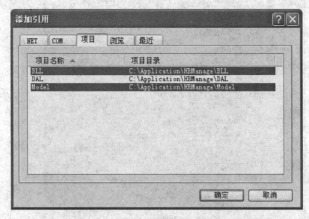

图 5-38　给 HRManage 项目添加引用

2．添加配置文件

配置文件主要用于设置连接数据库的字符串。

（1）添加新项。如图 5-39 所示，选择"HRManage"项目，用鼠标右键单击后，在快捷菜单中选择"添加"→"新建项"命令。

（2）在"添加新项"窗体中选择"应用程序配置文件"，如图 5-40 所示。

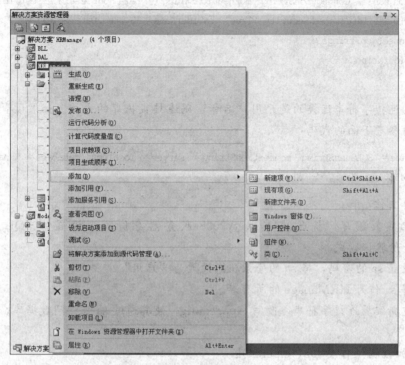

图 5-39 新建项

图 5-40 添加应用程序配置文件

配置相应的连接字符串，代码如下：

<?xml version="1.0"?>
<configuration>

```
<configSections>
</configSections>
<connectionStrings>
    <add name = "ConnectionString" connectionString = "Data Source = localhost;Initial
Catalog = HRManage;Integrated Security = True" providerName = "System.Data.SqlClient"/>
    </connectionStrings>
</configuration>
```

分析：

配置的连接字符串连接的是无用户名和密码连接数据库的方式。如果设置了用户名和密码，请参考下面的代码：

```
<add name = "SQLConnString" connectionString = "server = localhost;database = HRManage;uid = sa;pwd = 123456" />
```

待完善工作：

（1）配置数据库，将 SQL Server 2008 服务器身份验证设置为 SQL Server 和 Windows 身份验证模式。

（2）设置 sa 的密码，将 sa 的登录状态设置为"启用"。

（3）将 sa 作为 HRManage 的所有者。

（4）重新配置连接字符串，改写 App.config，使其通过 sa 来访问数据库。

3．添加数据操作类 DbHelperSQL

（1）为 DAL 项目添加类，即用鼠标右键单击 DAL，在快捷菜单中选择"添加"→"类"命令，如图 5-41 所示。

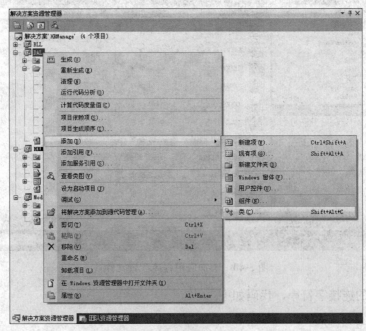

图 5-41　添加类

（2）建立一个 DbHelperSQL 类，用于编写对数据的基本操作，如图 5-42 所示。

图 5-42　添加类

（3）添加引用。在 DAL 项目中用鼠标右键单击"引用"，在快捷菜单中选择"添加引用"命令，在弹出的"添加引用"窗口中，添加 System.Configuration 引用，如图 5-43 所示。同样，需要输入以下代码：

using System.Configuration;

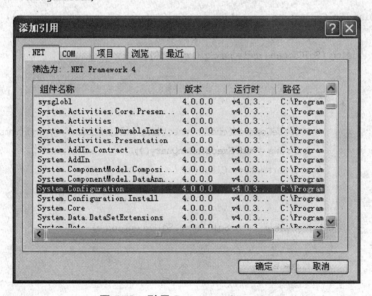

图 5-43　引用 System.configuration

（4）编写代码如下：

using System;
using System.Collections.Generic;
using System.Linq;
using System.Text;

```csharp
using System.Data;
using System.Data.SqlClient;
using System.Configuration;

namespace DAL
{
    classDbHelperSQL
    {
        public static string connectionString = System.Configuration.ConfigurationManager.ConnectionStrings["ConnectionString"].ToString();
        public DbHelperSQL()
        {
        }

        /// <summary>
        /// 执行 SQL 语句,返回影响的记录数
        /// </summary>
        /// <param name="SQLString">SQL 语句</param>
        /// <returns>影响的记录数</returns>
        public static int ExecuteSql(string SQLString, paramsSqlParameter[] cmdParms)
        {
            using (SqlConnection connection = newSqlConnection(connectionString))
            {
                using (SqlCommand cmd = newSqlCommand())
                {
                    try
                    {
                        PrepareCommand(cmd, connection, null, SQLString, cmdParms);
                        int rows = cmd.ExecuteNonQuery();
                        cmd.Parameters.Clear();
                        return rows;
                    }
                    catch (System.Data.SqlClient.SqlException e)
                    {
                        throw e;
                    }
                }
            }
        }

        /// <summary>
        /// 执行查询语句,返回 SqlDataReader ( 注意:调用该方法后,一定要对 SqlDataReader 进行 Close )
```

```csharp
///  </summary>
///  <param name = "strSQL">查询语句</param>
///  <returns>SqlDataReader</returns>
public staticSqlDataReader ExecuteReader ( string SQLString, paramsSqlParameter [ ] cmdParms)
{
    SqlConnection connection = newSqlConnection(connectionString);
    SqlCommand cmd = newSqlCommand();
    try
    {
        PrepareCommand(cmd, connection, null, SQLString, cmdParms);
        SqlDataReader myReader = cmd.ExecuteReader(CommandBehavior.CloseConnection);
        cmd.Parameters.Clear();
        return myReader;
    }
    catch (System.Data.SqlClient.SqlException e)
    {
        throw e;
    }
    //      finally
    //      {
    //          cmd.Dispose();
    //          connection.Close();
    //      }
}

///  <summary>
///  执行一条计算查询结果语句,返回查询结果(object)
///  </summary>
///  <param name = "SQLString">计算查询结果语句</param>
///  <returns>查询结果</returns>
public static object GetSingle(string SQLString, paramsSqlParameter[] cmdParms)
{
    using (SqlConnection connection = newSqlConnection(connectionString))
    {
        using (SqlCommand cmd = newSqlCommand())
        {
            try
            {
                PrepareCommand(cmd, connection, null, SQLString, cmdParms);
                object obj = cmd.ExecuteScalar();
                cmd.Parameters.Clear();
```

```
                    if ((Object.Equals(obj, null)) || (Object.Equals(obj, System.DBNull.Value)))
                    {
                        return null;
                    }
                    else
                    {
                        return obj;
                    }
                }
                catch (System.Data.SqlClient.SqlException e)
                {
                    throw e;
                }
            }
        }
    }

/// <summary>
/// 执行查询语句,返回 DataSet
/// </summary>
/// <param name = "SQLString">查询语句</param>
/// <returns>DataSet</returns>
public static DataSet Query(string SQLString, params SqlParameter[] cmdParms)
{
    using (SqlConnection connection = new SqlConnection(connectionString))
    {
        SqlCommand cmd = new SqlCommand();
        PrepareCommand(cmd, connection, null, SQLString, cmdParms);
        using (SqlDataAdapter da = new SqlDataAdapter(cmd))
        {
            DataSet ds = new DataSet();
            try
            {
                da.Fill(ds, "ds");
                cmd.Parameters.Clear();
            }
            catch (System.Data.SqlClient.SqlException ex)
            {
                throw new Exception(ex.Message);
            }
            return ds;
```

            }
        }
    }

    /// <summary>
    /// 添加参数
    /// </summary>
    /// <param name = "cmd">数据库命令</param>
    /// <param name = "conn">数据库连接</param>
    /// <param name = "trans">事务</param>
    /// <param name = "cmdText">查询语句、参数化语句、存储过程</param>
    /// <param name = "cmdParams">参数(防止 SQL 注入攻击)</param>
    private static void PrepareCommand (SqlCommand cmd, SqlConnection conn, SqlTransaction trans, string cmdText,SqlParameter[] cmdParms)
    {
        if (conn.State ! = ConnectionState.Open)//如果连接状态不是打开的,那么打开连接
            conn.Open();
        cmd.Connection = conn;//指定 SqlCommand 类的连接对象
        cmd.CommandText = cmdText;//指定 SqlCommand 类要执行的 SQL 语句或存储过程
        if (trans ! = null)
            cmd.Transaction = trans;//指定 SqlCommand 类的事务
        cmd.CommandType = CommandType.Text;//指定类型
        if (cmdParms ! = null)//如果传入的 SqlParameter 不为空,那么 foreach 循环遍历加入到 SqlCommand 类的参数属性中
        {
            foreach (SqlParameter parameter in cmdParms)
            {
                if ((parameter.Direction = = ParameterDirection.InputOutput || parameter.Direction = = ParameterDirection.Input) &&
                    (parameter.Value = = null))
                {
                    parameter.Value = DBNull.Value;
                }
                cmd.Parameters.Add(parameter);
            }
        }
    }
}
```

**分析:**

1. 引用的类

(1) using System.Data;
```

(2) using System.Data.SqlClient;说明操作的是 SQL Server 数据库。

(3) using System.Configuration;表示适用于特定计算机、应用程序或资源的配置文件。此类不能被继承。

2. 编写的方法

(1) ExecuteSql():执行 SQL 语句,返回影响的记录数。

(2) ExecuteReader():执行查询语句,返回 SqlDataReader。

(3) GetSingle():执行一条计算查询结果语句,返回查询结果(object)。

(4) Query():执行查询语句,返回 DataSet。

(5) PrepareCommand():添加参数。

3. 关键代码

(1) public static string connectionString = System.Configuration.ConfigurationManager.ConnectionStrings["ConnectionString"].ToString();//配置连接字符串

(2) int rows = cmd.ExecuteNonQuery();//执行 SQL 语句,返回影响的记录数。

(3) SqlDataReader myReader = cmd.ExecuteReader(CommandBehavior.CloseConnection);//执行查询语句,返回 SqlDataReader。

(4) object obj = cmd.ExecuteScalar();//执行一条计算查询结果语句,返回查询结果(object)。

(5) da.Fill(ds,"ds");//填充数据到 ds 中。

4. 为各层添加类

这里为各层添加类,只是添加一个类文件,代码在后面的任务中介绍。

(1) 为 Model 项目添加类,如图 5-44 所示,总共 5 个类,以数据库中的表名命名。

(2) 为 DAL 项目添加类,如图 5-45 所示。

图 5-44 Model 项目结构

图 5-45 DAL 项目结构

(3) 为 BLL 项目添加类，如图 5-46 所示。

图 5-46　BLL 项目结构

5.3.3　编写 Model 层代码

在三层架构中，Model 层的代码较为固定。这里先介绍 Model 层的代码，其他层代码将在后面相应的任务中依次给出。

1．用户实体类代码（UserInfo.cs）

```
using System;
using System.Collections.Generic;
using System.Linq;
using System.Text;

namespace Model
{
    public classUserInfo
    {
        #region Model
        private string _username;
        private string _userpassword;
        private string _usertype;
        /// <summary>
        /// 用户姓名
        /// </summary>
        public string UserName
        {
            set { _username = value; }
            get { return _username; }
        }
```

```csharp
        /// <summary>
        /// 用户密码
        /// </summary>
        public string UserPassword
        {
            set { _userpassword = value; }
            get { return _userpassword; }
        }
        /// <summary>
        /// 用户类型
        /// </summary>
        public string UserType
        {
            set { _usertype = value; }
            get { return _usertype; }
        }
        #endregion Model
    }
}
```

2. 部门实体类代码(Department.cs)

```csharp
using System;
using System.Collections.Generic;
using System.Linq;
using System.Text;

namespace Model
{
    public class Department
    {
        #region Model
        private int _departmentid;
        private string _departmentname;
        private string _headofdepartment;
        private string _departmentphone;
        /// <summary>
        /// 部门编号
        /// </summary>
        public int DepartmentID
        {
            set { _departmentid = value; }
            get { return _departmentid; }
        }
```

```csharp
        /// <summary>
        /// 部门名称
        /// </summary>
        public string DepartmentName
        {
            set { _departmentname = value; }
            get { return _departmentname; }
        }
        /// <summary>
        /// 部门负责人
        /// </summary>
        public string HeadOfDepartment
        {
            set { _headofdepartment = value; }
            get { return _headofdepartment; }
        }
        /// <summary>
        /// 部门电话
        /// </summary>
        public string DepartmentPhone
        {
            set { _departmentphone = value; }
            get { return _departmentphone; }
        }
        #endregion Model
    }
}
```

3. 员工实体类代码（Employee.cs）

```csharp
using System;
using System.Collections.Generic;
using System.Linq;
using System.Text;

namespace Model
{
    public class Employee
    {
        #region Model
        private string _employeeid;
        private string _employeename;
        private string _sex;
        private DateTime _birthday;
```

```csharp
private string _phone;
privateDateTime _hiredate;
private string _education;
private int _departmentid;
private string _position;
private string _remarks;
/// <summary>
/// 员工编号
/// </summary>
public string EmployeeID
{
    set { _employeeid = value; }
    get { return _employeeid; }
}
/// <summary>
/// 员工姓名
/// </summary>
public string EmployeeName
{
    set { _employeename = value; }
    get { return _employeename; }
}
/// <summary>
/// 性别
/// </summary>
public string Sex
{
    set { _sex = value; }
    get { return _sex; }
}
/// <summary>
/// 出生日期
/// </summary>
public DateTime Birthday
{
    set { _birthday = value; }
    get { return _birthday; }
}
/// <summary>
/// 电话
/// </summary>
public string Phone
{
```

```csharp
        set { _phone = value; }
        get { return _phone; }
    }
    /// <summary>
    /// 入职日期
    /// </summary>
    public DateTime HireDate
    {
        set { _hiredate = value; }
        get { return _hiredate; }
    }
    /// <summary>
    /// 学历
    /// </summary>
    public string Education
    {
        set { _education = value; }
        get { return _education; }
    }
    /// <summary>
    /// 部门编号
    /// </summary>
    public int DepartmentID
    {
        set { _departmentid = value; }
        get { return _departmentid; }
    }
    /// <summary>
    /// 职务
    /// </summary>
    public string Position
    {
        set { _position = value; }
        get { return _position; }
    }
    /// <summary>
    /// 备注
    /// </summary>
    public string Remarks
    {
        set { _remarks = value; }
        get { return _remarks; }
    }
```

```csharp
        #endregion Model
    }
}

```

4. 工资实体类代码（Salary.cs）

```csharp
using System;
using System.Collections.Generic;
using System.Linq;
using System.Text;

namespace Model
{
    public classSalary
    {
        #region Model
        private int _salaryid;
        private string _employeeid;
        private decimal _basicsalary;
        private decimal _postsalary;
        private decimal _allowance;
        private decimal _bouns;
        private decimal _otheradd;
        private decimal _othersubtract;
        private decimal _finalpay;
        private decimal _totalpay;
        private string _salaymonth;
        private string _remarks;
        /// <summary>
        /// 工资编号
        /// </summary>
        public int SalaryID
        {
            set { _salaryid = value; }
            get { return _salaryid; }
        }
        /// <summary>
        /// 员工编号
        /// </summary>
        public string EmployeeID
        {
            set { _employeeid = value; }
            get { return _employeeid; }
        }
```

```csharp
/// <summary>
/// 基本工资
/// </summary>
public decimal BasicSalary
{
    set { _basicsalary = value; }
    get { return _basicsalary; }
}
/// <summary>
/// 岗位工资
/// </summary>
public decimal PostSalary
{
    set { _postsalary = value; }
    get { return _postsalary; }
}
/// <summary>
/// 补贴
/// </summary>
public decimal Allowance
{
    set { _allowance = value; }
    get { return _allowance; }
}
/// <summary>
/// 奖金
/// </summary>
public decimal Bouns
{
    set { _bouns = value; }
    get { return _bouns; }
}
/// <summary>
/// 其他加
/// </summary>
public decimal OtherAdd
{
    set { _otheradd = value; }
    get { return _otheradd; }
}
/// <summary>
/// 其他扣款
/// </summary>
```

```csharp
        public decimal OtherSubtract
        {
            set { _othersubtract = value; }
            get { return _othersubtract; }
        }
        /// <summary>
        /// 实发工资
        /// </summary>
        public decimal FinalPay
        {
            set { _finalpay = value; }
            get { return _finalpay; }
        }
        /// <summary>
        /// 应得工资
        /// </summary>
        public decimal TotalPay
        {
            set { _totalpay = value; }
            get { return _totalpay; }
        }
        /// <summary>
        /// 发放日期
        /// </summary>
        public string SalayMonth
        {
            set { _salaymonth = value; }
            get { return _salaymonth; }
        }
        /// <summary>
        /// 备注
        /// </summary>
        public string Remarks
        {
            set { _remarks = value; }
            get { return _remarks; }
        }
        #endregion Model
    }
}
```

5. 考核实体类代码（Check.cs）

```csharp
using System;
```

```csharp
using System.Collections.Generic;
using System.Linq;
using System.Text;

namespace Model
{
    public class CheckInfo
    {
        #region Model
        private int _checkid;
        private string _employeeid;
        private string _employeename;
        private string _departmentname;
        private string _checkcontent;
        private string _checkresult;
        private string _checkpeople;
        private DateTime _checkdate;
        private string _remarks;
        /// <summary>
        /// 考核编号
        /// </summary>
        public int CheckID
        {
            set { _checkid = value; }
            get { return _checkid; }
        }
        /// <summary>
        /// 员工编号
        /// </summary>
        public string EmployeeID
        {
            set { _employeeid = value; }
            get { return _employeeid; }
        }
        /// <summary>
        /// 员工姓名
        /// </summary>
        public string EmployeeName
        {
            set { _employeename = value; }
            get { return _employeename; }
        }
        /// <summary>
```

```csharp
/// 员工部门
/// </summary>
public string DepartmentName
{
    set { _departmentname = value; }
    get { return _departmentname; }
}
/// <summary>
/// 考核内容
/// </summary>
public string CheckContent
{
    set { _checkcontent = value; }
    get { return _checkcontent; }
}
/// <summary>
/// 考核结果
/// </summary>
public string CheckResult
{
    set { _checkresult = value; }
    get { return _checkresult; }
}
/// <summary>
/// 考核人
/// </summary>
public string CheckPeople
{
    set { _checkpeople = value; }
    get { return _checkpeople; }
}
/// <summary>
/// 考核日期
/// </summary>
publicDateTime CheckDate
{
    set { _checkdate = value; }
    get { return _checkdate; }
}
/// <summary>
/// 备注
/// </summary>
public string Remarks
```

```
        {
            set { _remarks = value; }
            get { return _remarks; }
        }
        #endregion Model
    }

}
```

5.3.4 动软代码生成器介绍

动软代码生成器是一款由动软卓越（北京）科技有限公司为软件项目开发设计的自动代码生成器，也是一个软件项目智能开发平台。它可以生成基于面向对象的思想和三层架构设计的代码，结合了软件开发中经典的思想和设计模式，融入了工厂模式、反射机制等思想；主要实现在对应数据库中表的基类代码的自动生成，包括生成属性、添加、修改、删除、查询、存在性、Model 类构造等基础代码片断，支持 3 种不同的架构代码生成，使程序员节省大量机械录入的时间和重复劳动，而将精力集中于核心业务逻辑的开发。动软代码生成器同时提供便捷的开发管理功能和多项开发工作中常用到的辅助工具功能，可以很方便、轻松地进行项目开发，让软件开发变得轻松而快乐。它能帮助程序员快速开发项目，缩短开发周期，减少开发成本，提高研发效率，使得软件企业在同样的时间创造出更大的价值。

本项目三层架构大部分代码来自动软代码生成器生成的代码，大大节约了开发时间。

动软代码生成器免费下载地址：http://www.maticsoft.com/codematic.aspx。

任务 5.4 系统详细设计

本系统窗体如表 5-6 所示，整个 HRManage 项目窗体结构如图 5-47 所示。

表 5-6 系统窗体

窗体名称	说　明
CheckAdd	添加考核
CheckManage	管理考核
CheckSearch	考核查询
DepartmentAdd	添加部门
DepartmentManage	管理部门
EmployeeAdd	添加员工
EmployeeManage	管理员工
EmployeeSearch	员工查询
HRManage	主窗体
Login	登录
SalaryAdd	添加工资
SalaryManage	管理工资
UserAdd	添加用户
UserManage	管理用户

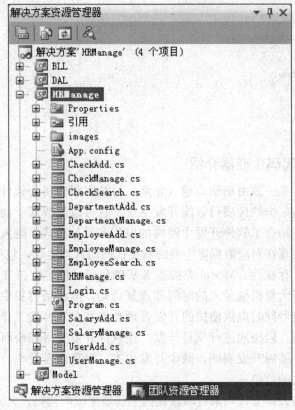

图 5-47 HRManage 项目窗体结构

5.4.1 用户登录功能模块设计

企业人事工资管理系统的"用户登录"界面如图 5-48 所示。

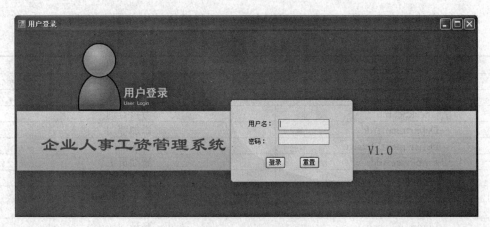

图 5-48 "用户登录"界面

1. 设计界面

登录窗体各控件属性设置如表 5-7 所示。

表 5-7 窗体控件属性

控件类型	控件名称	主要属性设置	用途
Label	lblUserName	Text 设置为"用户名:"	显示提示文字
	lblUserPassword	Text 设置为"密码:"	显示提示文字
TextBox	txtUserName	Text 设置为空	输入用户名
	txtUserPassword	Text 设置为空	输入密码
Button	btnLogin	Text 设置为"登录"	登录
	btnReset	Text 设置为"重置"	重置
Form	Text	用户登录	设置标题
	Size	894,378	设置窗体大小
	BackgroundImage	HRManage.Properties.Resources.login	设置背景图片
	StartPosition	CenterScree	设置窗体第一次出现的位置

2. DAL 层代码

```csharp
using System;
using System.Collections.Generic;
using System.Linq;
using System.Text;
using System.Data;
using System.Data.SqlClient;

namespace DAL
{
    public partial classUserInfo
    {
        /// <summary>
        /// 增加一条数据
        /// </summary>
        public bool Add(Model.UserInfo model)
        {
            StringBuilder strSql = newStringBuilder();
            strSql.Append("insert into UserInfo(");
            strSql.Append("UserName,UserPassword,UserType)");
            strSql.Append(" values (");
            strSql.Append("@UserName,@UserPassword,@UserType)");
            SqlParameter[] parameters = {
                newSqlParameter("@UserName",SqlDbType.NVarChar,50),
                newSqlParameter("@UserPassword", SqlDbType.NVarChar,50),
                newSqlParameter("@UserType",SqlDbType.NVarChar,50)};
            parameters[0].Value = model.UserName;
```

```csharp
            parameters[1].Value = model.UserPassword;
            parameters[2].Value = model.UserType;

            int rows = DbHelperSQL.ExecuteSql(strSql.ToString(), parameters);
            if (rows > 0)
            {
              return true;
            }
            else
            {
              return false;
            }
}
/// <summary>
/// 更新一条数据
/// </summary>
public bool Update(Model.UserInfo model)
{
            StringBuilder strSql = newStringBuilder();
            strSql.Append("update UserInfo set");
            strSql.Append("UserPassword = @UserPassword,");
            strSql.Append("UserType = @UserType");
            strSql.Append(" where UserName = @UserName");
            SqlParameter[] parameters = {
                newSqlParameter("@UserPassword", SqlDbType.NVarChar, 50),
                newSqlParameter("@UserType", SqlDbType.NVarChar, 50),
                newSqlParameter("@UserName", SqlDbType.NVarChar, 50) };
            parameters[0].Value = model.UserPassword;
            parameters[1].Value = model.UserType;
            parameters[2].Value = model.UserName;

            int rows = DbHelperSQL.ExecuteSql(strSql.ToString(), parameters);
            if (rows > 0)
            {
              return true;
            }
            else
            {
              return false;
            }
}

    /// <summary>
```

```csharp
/// 删除一条数据
/// </summary>
public bool Delete(string UserName)
{

        StringBuilder strSql = new StringBuilder();
        strSql.Append("delete from UserInfo");
        strSql.Append(" where UserName = @UserName");
        SqlParameter[] parameters = {
            new SqlParameter("@UserName",SqlDbType.NVarChar,50)        };
        parameters[0].Value = UserName;

        int rows = DbHelperSQL.ExecuteSql(strSql.ToString(),parameters);
        if (rows > 0)
        {
          return true;
        }
        else
        {
          return false;
        }
}

/// <summary>
/// 得到一个对象实体
/// </summary>
public Model.UserInfo GetModel(string UserName)
{

      StringBuilder strSql = new StringBuilder();
      strSql.Append("select top 1 UserName,UserPassword,UserType from UserInfo");
      strSql.Append(" where UserName = @UserName");
      SqlParameter[] parameters = {
          new SqlParameter("@UserName",SqlDbType.NVarChar,50)        };
      parameters[0].Value = UserName;

      Model.UserInfo model = new Model.UserInfo();
      DataSet ds = DbHelperSQL.Query(strSql.ToString(), parameters);
      if (ds.Tables[0].Rows.Count > 0)
      {
          return DataRowToModel(ds.Tables[0].Rows[0]);
      }
      else
```

```csharp
        {
            return null;
        }
    }

    /// <summary>
    /// 得到一个对象实体
    /// </summary>
    public Model.UserInfo DataRowToModel(DataRow row)
    {
        Model.UserInfo model = new Model.UserInfo();
        if (row ! = null)
        {
            if (row["UserName"] ! = null)
            {
                model.UserName = row["UserName"].ToString();
            }
            if (row["UserPassword"] ! = null)
            {
                model.UserPassword = row["UserPassword"].ToString();
            }
            if (row["UserType"] ! = null)
            {
                model.UserType = row["UserType"].ToString();
            }
        }
        return model;
    }

    /// <summary>
    /// 获得数据列表
    /// </summary>
    publicDataSet GetList(string strWhere)
    {
        StringBuilder strSql = newStringBuilder();
        strSql.Append("select UserName,UserPassword,UserType");
        strSql.Append(" FROM UserInfo");
        if(strWhere.Trim()! = "")
        {
            strSql.Append(" where " + strWhere);
        }
        returnDbHelperSQL.Query(strSql.ToString());
    }
}
```

```csharp
/// <summary>
/// 获得数据列表,无参数
/// </summary>
public DataSet GetList()
{
    StringBuilder strSql = new StringBuilder();
    strSql.Append("select UserName,UserPassword,UserType");
    strSql.Append(" FROM UserInfo");
    return DbHelperSQL.Query(strSql.ToString());
}
```

分析:

1. 编写的方法

(1) Add()：增加一条数据。

(2) Update()：更新一条数据。

(3) Delete()：删除一条数据。

(4) GetModel()：得到一个对象实体。

(5) DataRowToModel()：将 DataRow 对象中的数据组合成一个对象实体。

(6) GetList（string strWhere）：传递查询条件,获得数据列表。

(7) GetList()：不传递查询条件,获得数据列表。

2. 关键代码

(1) int rows=DbHelperSQL.ExecuteSql（strSql.ToString(),parameters）;//执行插入、修改和删除语句后,返还影响的行数。

(2) DataSet ds = DbHelperSQL.Query（strSql.ToString(),parameters）;//执行查询语句,返回 ds。

(3) return DataRowToModel（ds.Tables[0].Rows[0]）;//调用 DataRowToModel() 方法,返还一个实体。

(4) return model;//返还一个实体。

(5) return DbHelperSQL.Query（strSql.ToString()）;//行查询语句,填充数据到 ds 中。

3. BLL 层代码

```csharp
using System;
using System.Collections.Generic;
using System.Linq;
using System.Text;
using System.Data;
```

```csharp
using Model;

namespace BLL
{
    public partial classUserInfo
    {
        private readonly DAL.UserInfo dal = new DAL.UserInfo();

        /// <summary>
        /// 增加一条数据
        /// </summary>
        public bool Add(Model.UserInfo model)
        {
            return dal.Add(model);
        }

        /// <summary>
        /// 更新一条数据
        /// </summary>
        public bool Update(Model.UserInfo model)
        {
            return dal.Update(model);
        }

        /// <summary>
        /// 删除一条数据
        /// </summary>
        public bool Delete(string UserName)
        {
            return dal.Delete(UserName);
        }

        /// <summary>
        /// 得到一个对象实体
        /// </summary>
        public Model.UserInfo GetModel(string UserName)
        {
            return dal.GetModel(UserName);
        }

        /// <summary>
        /// 获得数据列表
        /// </summary>
```

```csharp
        publicDataSet GetList(string strWhere)
        {
            return dal.GetList(strWhere);
        }

        /// <summary>
        /// 获得数据列表
        /// </summary>
        publicDataSet GetList()
        {
            return dal.GetList();
        }
    }
}
```

分析:

1. 编写的方法

(1) Add()：增加一条数据。

(2) Update()：更新一条数据。

(3) Delete()：删除一条数据。

(4) GetModel()：得到一个对象实体。

(5) GetList (string strWhere)：传递查询条件，获得数据列表。

(6) GetList()：不传递查询条件，获得数据列表。

2. 关键代码

(1) return dal. Add（model）;//执行增加一条数据命令。

(2) return dal. Update（model）;//执行更新一条数据命令。

(3) return dal. Delete（UserName）;//执行删除一条数据命令。

(4) return dal. GetModel（UserName）;//通过用户名，返还实体。

(5) return dal. GetList（strWhere）;//执行查询语句，填充数据到 ds 中。

(6) return dal. GetList();//执行查询语句，填充数据到 ds 中。

4. 编写窗体代码

```csharp
using System;
using System.Collections.Generic;
using System.ComponentModel;
using System.Data;
using System.Drawing;
using System.Linq;
using System.Text;
using System.Windows.Forms;
using BLL;
```

```csharp
using Model;
namespace HRManage
{
    public partial class Login : Form
    {
        public Login()
        {
            InitializeComponent();
        }

        private void btnLogin_Click(object sender, EventArgs e)
        {
            BLL.UserInfo bll = new BLL.UserInfo();  //实例化 BLL 层
            string userName = txtUserName.Text.Trim();
            string userPassword = txtUserPassword.Text.Trim();
            if (userName != "" && userPassword != "")
            {
                string strWhere = "UserName = '" + userName + "' and UserPassword = '" + userPassword + "'"; //给出查询语句条件
                Model.UserInfo model = new Model.UserInfo();//实例化 Model 层
                DataSet ds = new DataSet();//定义 DataSet 对象
                ds = bll.GetList(strWhere);//调用 BLL 层中的 GetList 方法,返还 DataSet 对象
                if (ds.Tables[0].Rows.Count == 1)//判断是否查找到数据
                {
                    HRManage frmHRManage = new HRManage();
                    frmHRManage.Show();
                    this.Hide();
                }
                else
                {
                    MessageBox.Show("用户名或者密码输入错误!");
                }
            }
            else
            {
                MessageBox.Show("用户名或者密码未输!");
            }
        }
    }
}
```

分析:

1. 调用 BLL 层的方法

GetList():用于执行一条查询语句,返还 DataSet 对象。

2. 关键代码

(1) BLL. UserInfo bll = new BLL. UserInfo();//实例化 BLL 层。
(2) Model. UserInfo model = new Model. UserInfo();//实例化 Model 层。
(3) ds = bll. GetList (strWhere);//调用 BLL 层中的 GetList 方法,返还 DataSet 对象。
(4) if (ds. Tables [0] . Rows. Count==1) //判断是否查找到数据。

3. 已完成工作

(1) 窗体控件属性设置。
(2) 用户登录功能。
(3) 重置功能。

4. 待完善工作

(1) 文本框的输入规范检查。
(2) 为登录窗体设计 Icon 图标。

5.4.2 添加用户功能模块设计

"添加用户"界面如图 5-49 所示。

图 5-49 "添加用户"界面

1. 设计界面

添加用户界面所用控件不多,表 5-8 列出了控件的属性设置。

表 5-8 控件属性

控件类型	控件名称	主要属性设置	用途
Label	lblName	Text 设置为"用户姓名:"	显示提示文字
	lblPassword	Text 设置为"用户密码:"	显示提示文字
	lblUserType	Text 设置为"用户类型:"	显示提示文字
TextBox	txtUserName	Text 设置为空	输入用户姓名
	txtUserPassword	Text 设置为空,PasswordChar 属性设置为 *	输入用户密码
ComboBox	cboUserType	Items 设置为: 管理员 操作员 经理	选择用户类型

续表

控件类型	控件名称	主要属性设置	用途
Button	btnAdd	Text 设置为"添加"	添加
	btnReset	Text 设置为"重置"	重置

2. 编写窗体代码

```csharp
using System;
using System.Collections.Generic;
using System.ComponentModel;
using System.Data;
using System.Drawing;
using System.Linq;
using System.Text;
using System.Windows.Forms;
using BLL;
using Model;

namespace HRManage
{
    public partial class UserAdd : Form
    {
        public UserAdd()
        {
            InitializeComponent();
        }

        private void btnAdd_Click(object sender, EventArgs e)
        {
            string strErr = "";
            if (this.txtUserName.Text.Trim().Length == 0)
            {
                strErr += "用户名不能为空!\\n";
            }
            if (this.txtUserPassword.Text.Trim().Length == 0)
            {
                strErr += "密码不能为空!\\n";
            }

            if (strErr != "")
            {
                MessageBox.Show(this, strErr);
                return;
```

```
            }
            string userName = txtUserName.Text.Trim();
            string userPassword = txtUserPassword.Text.Trim();
            string userType = cboUserType.Text;

            Model.UserInfo model = new Model.UserInfo();//实例化 Model 层
            model.UserName = userName;
            model.UserPassword = userPassword;
            model.UserType = userType;

            BLL.UserInfo bll = new BLL.UserInfo();//实例化 BLL 层
            if (bll.Add(model) == true)//将用户信息添加到数据库中,根据返回值判断添加是否成功
            {
                MessageBox.Show("数据添加成功");
            }
            else
            {
                MessageBox.Show("数据添加失败");
            }
        }

        private void btnReset_Click(object sender, EventArgs e)
        {
            txtUserName.Text = "";
            txtUserPassword.Text = "";
            txtUserName.Focus();
        }
    }
}
```

分析:

1. 调用 BLL 层的方法

Add(); 添加数据。

2. 关键代码

(1) Model.UserInfo model = new Model.UserInfo();//实例化 Model 层。

(2) BLL.UserInfo bll = new BLL.UserInfo();//实例化 BLL 层。

(3) if (bll.Add (model) == true) //将用户信息添加到数据库中，根据返回值判断添加是否成功。

3. 已完成工作

(1) 窗体控件属性设置。

(2) 用户信息的添加功能。

(3) 重置功能。

4. 待完善工作

(1) 文本框的输入规范检查。

(2) 如果添加的用户名重复,代码如何修改?

5.4.3 管理用户功能模块设计

"管理用户"界面如图 5-50 所示。

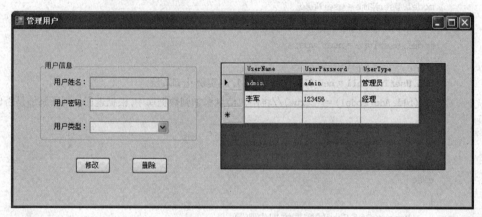

图 5-50 "管理用户"界面

1. 设计界面

"管理用户"界面所用主要控件如表 5-9 所示。

表 5-9 控件属性

控件类型	控件名称	主要属性设置	用途
Label	lblName	Text 设置为"用户姓名:"	显示提示文字
	lblPassword	Text 设置为"用户密码:"	显示提示文字
	lblUserType	Text 设置为"用户类型:"	显示提示文字
TextBox	txtUserName	Text 设置为空,BackColor 设置为 Control,Enabled 设置为 False	显示用户姓名
	txtUserPassword	Text 设置为空	输入用户密码
ComboBox	cboUserType	Items 设置为: 管理员 操作员 经理	选择用户类型
Button	btnEdit	Text 设置为"修改"	修改
	btnDel	Text 设置为"删除"	删除
DataGridView	dgvUserInfo	Size 设置为"387,179"	显示用户信息

2. 编写窗体代码

```
using System;
using System.Collections.Generic;
using System.ComponentModel;
```

```csharp
using System.Data;
using System.Drawing;
using System.Linq;
using System.Text;
using System.Windows.Forms;
using BLL;
using Model;

namespace HRManage
{
    public partial classUserManage : Form
    {
        public UserManage()
        {
            InitializeComponent();
        }

        private void btnEdit_Click(object sender, EventArgs e)
        {
            string strErr = "";
            if (this.txtUserName.Text.Trim().Length == 0)
            {
                strErr += "用户名不能为空!\\n";
            }
            if (this.txtUserPassword.Text.Trim().Length == 0)
            {
                strErr += "密码不能为空!\\n";
            }

            if (strErr != "")
            {
                MessageBox.Show(this, strErr);
                return;
            }

            string userName = txtUserName.Text;
            string userPassword = txtUserPassword.Text;
            string userType = cboUserType.Text;
            BLL.UserInfo bll = new BLL.UserInfo();//实例化 BLL 层
            Model.UserInfo model = new Model.UserInfo();//实例化 Model 层
            model.UserName = userName;
            model.UserPassword = userPassword;
            model.UserType = userType;
```

```csharp
        if (txtUserName.Text != "" && txtUserPassword.Text != "" && cboUserType.Text != "")
        {
            if (bll.Update(model) == true)//根据返回布尔值判断修改数据是否成功 {
                MessageBox.Show("用户修改成功!","成功提示", MessageBoxButtons.OK, MessageBoxIcon.Information);
                DataBind();//刷新 DataGridView 数据
            }
            else
            {
                MessageBox.Show("用户修改失败!","错误提示", MessageBoxButtons.OK, MessageBoxIcon.Error);
            }
        }
        else
        {
            MessageBox.Show("请检查数据输入的正确性!","错误提示",MessageBoxButtons.OK, MessageBoxIcon.Information);
        }
    }

    private void btnDel_Click(object sender,EventArgs e)
    {
        string userName = txtUserName.Text;
        BLL.UserInfo bll = new BLL.UserInfo();//实例化 BLL 层
        if (bll.Delete(userName) == true)//根据返回布尔值判断删除数据是否成功
        {
            MessageBox.Show("用户删除成功!","成功提示", MessageBoxButtons.OK, MessageBoxIcon.Information);
            DataBind();//刷新 DataGridView 数据
        }
        else
        {
            MessageBox.Show("用户删除失败!","错误提示", MessageBoxButtons.OK,MessageBoxIcon.Error);
        }
    }

    private void dgvUserInfo_CellClick(object sender,DataGridViewCellEventArgs e)
    {
        txtUserName.Text = dgvUserInfo.CurrentCell.OwningRow.Cells[1].Value.ToString();
        txtUserPassword.Text = dgvUserInfo.CurrentCell.OwningRow.Cells[0].Value.ToString();
        cboUserType.Text = dgvUserInfo.CurrentCell.OwningRow.Cells[2].Value.ToString();
    }
```

```csharp
public void DataBind()//定义一个函数用于绑定数据到DataGridView
{
    BLL.UserInfo bll = new BLL.UserInfo();//实例化BLL层
    DataSet ds = newDataSet();
    ds = bll.GetList();//执行SQL语句,将结果存在ds中
    dgvUserInfo.DataSource = ds.Tables[0];//将ds中的表作为DataGridView的数据源
}

private void UserManage_Load(object sender, EventArgs e)
{
    DataBind();//窗体登录时绑定数据到DataGridView
}
```

分析：

1. 调用 BLL 层的方法

(1) Update()：修改数据。

(2) Delete()：删除数据。

(3) GetList()：执行 SQL 语句，将结果存在 ds 中。

2. 关键代码

(1) BLL.UserInfo bll = new BLL.UserInfo();//实例化 BLL 层。

(2) Model.UserInfo model = new Model.UserInfo();//实例化 Model 层。

(3) if (bll.Update (model) == true) //根据返回布尔值判断修改数据是否成功。

(4) if (bll.Delete (userName) == true) //根据返回布尔值判断删除数据是否成功。

(5) DataBind();//刷新 DataGridView 数据。

(6) ds = bll.GetList();//执行 SQL 语句，将结果存在 ds 中。

3. 已完成工作

(1) 窗体控件属性设置。

(2) 修改用户信息功能。

(3) 删除用户信息功能。

4. 待完善工作

(1) 异常处理。

(2) 要求 admin 用户不得删除，只能修改密码，请修改代码。

(3) 将 DataGridView 的列标题显示为中文，代码如何修改？

5.4.4 主界面设计

管理员在登录界面输入正确的用户名和密码，会进入管理主界面。在管理主界面可以使用系统的所有功能。

1. 窗体属性设置

一般登录成功后，进入的主界面为全屏显示，并且为 MDI 窗体，所以需要对窗体进

行属性设置。主界面窗体属性设置如表 5-10 所示。

表 5-10 主界面窗体属性设置

窗体名称	属性	属性值
HRManage	Text	企业人事工资管理系统
	IsMdiContain	True
	Size	1024，768
	BackgroundImage	HRManage．Properties．Resources．bg
	BackgroundImageLayout	Stretch
	WindowState	Maximized

2．菜单设计

按照上一项目菜单设计的方法设计本系统菜单，如图 5-51～图 5-56 所示。

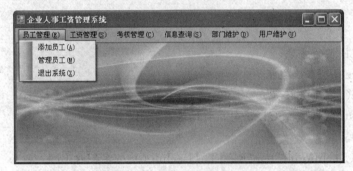

图 5-51 "员工管理"菜单

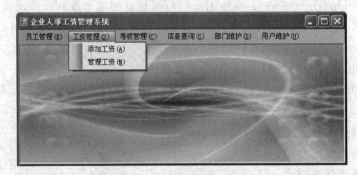

图 5-52 "工资管理"菜单

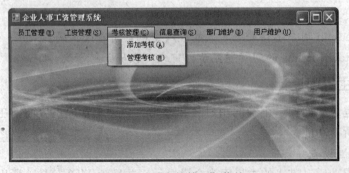

图 5-53 "考核管理"菜单

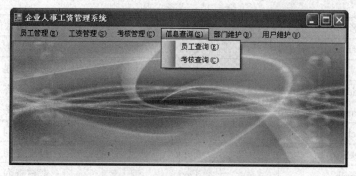

图 5-54 "信息查询"菜单

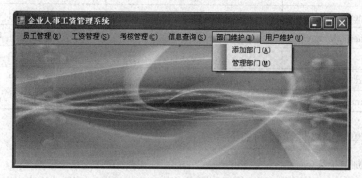

图 5-55 "部门维护"菜单

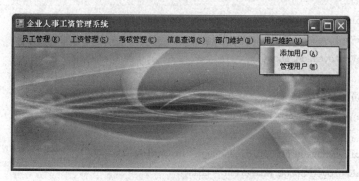

图 5-56 "用户维护"菜单

添加好菜单后，需要修改菜单属性。菜单属性如表 5-11 所示。

表 5-11 菜单属性

控件名称	属性	属性值
tsmiEmployee	Text	员工管理（&E）
tsmiEmployeeAdd	Text	添加员工（&A）
tsmiEmployeeManage	Text	管理员工（&M）
tsmiExit	Text	退出系统（&X）
tsmiSalary	Text	工资管理（&S）
tsmiSalaryAdd	Text	添加工资（&A）

续表

控件名称	属性	属性值
tsmiSalaryManage	Text	管理工资（&M）
tsmiCheck	Text	考核管理（&C）
tsmiCheckAdd	Text	添加考核（&A）
tsmiCheckManage	Text	管理考核（&M）
tsmiInfoSearch	Text	信息查询（&S）
tsmiEmployeeSearch	Text	员工查询（&E）
tsmiCheckSearch	Text	考核查询（&C）
tsmiDepartment	Text	部门维护（&D）
tsmiDepartmentAdd	Text	添加部门（&A）
tsmiDepartmentManage	Text	管理部门（&M）
tsmiUser	Text	用户维护（&U）
tsmiUserAdd	Text	添加用户（&A）
tsmiUserManage	Text	管理用户（&M）

为所有菜单添加事件，代码如下：

```
//添加员工菜单
private void tsmiEmployeeAdd_Click(object sender,EventArgs e)
{
    EmployeeAdd frmEmployeeAdd = newEmployeeAdd();
    frmEmployeeAdd.MdiParent = this;
    frmEmployeeAdd.Show();
}
//管理员工菜单
private void tsmiEmployeeManage_Click(object sender,EventArgs e)
{
    EmployeeManage frmEmployeeManage = newEmployeeManage();
    frmEmployeeManage.MdiParent = this;
    frmEmployeeManage.Show();
}
//退出系统菜单
private void tsmiExit_Click(object sender,EventArgs e)
{
    Application.Exit();
}
//添加工资菜单
private void tsmiSalaryAdd_Click(object sender,EventArgs e)
{
    SalaryAdd frmSalaryAdd = newSalaryAdd();
    frmSalaryAdd.MdiParent = this;
```

```csharp
    frmSalaryAdd.Show();
}
//管理工资菜单
private void tsmiSalaryManage_Click(object sender, EventArgs e)
{
    SalaryManage frmSalaryManage = newSalaryManage();
    frmSalaryManage.MdiParent = this;
    frmSalaryManage.Show();
}
//添加考核菜单
private void tsmiCheckAdd_Click(object sender,EventArgs e)
{
    CheckAdd frmCheckAdd = newCheckAdd();
    frmCheckAdd.MdiParent = this;
    frmCheckAdd.Show();
}
//管理考核菜单
private void tsmiCheckManage_Click(object sender, 0 e)
{
    CheckManage frmCheckManage = newCheckManage();
    frmCheckManage.MdiParent = this;
    frmCheckManage.Show();
}
//员工查询菜单
private void tsmiEmployeeSearch_Click(object sender,EventArgs e)
{
    EmployeeSearch frmEmployeeSearch = newEmployeeSearch();
    frmEmployeeSearch.MdiParent = this;
    frmEmployeeSearch.Show();
}
//考核查询菜单
private void tsmiCheckSearch_Click(object sender,EventArgs e)
{
    CheckSearch frmCheckSearch = newCheckSearch();
    frmCheckSearch.MdiParent = this;
    frmCheckSearch.Show();
}
//添加部门菜单
private void tsmiDepartmentAdd_Click(object sender,EventArgs e)
{
    DepartmentAdd frmDepartmentAdd = newDepartmentAdd();
    frmDepartmentAdd.MdiParent = this;
    frmDepartmentAdd.Show();
```

```
}
//管理部门菜单
private void tsmiDepartmentManage_Click(object sender,EventArgs e)
{
    DepartmentManage frmDepartmentManage = newDepartmentManage();
    frmDepartmentManage.MdiParent = this;
    frmDepartmentManage.Show();
}
//加用户菜单
private void tsmiUserAdd_Click(object sender,EventArgs e)
{
    UserAdd frmUserAdd = newUserAdd();
    frmUserAdd.MdiParent = this;
    frmUserAdd.Show();
}
//管理用户菜单
private void tsmiUserManage_Click(object sender,EventArgs e)
{
    UserManage frmUserManage = newUserManage();
    frmUserManage.MdiParent = this;
    frmUserManage.Show();
}
```

3. 工具栏设计

按照上一项目创建工具栏的方法，添加工具栏，如图 5-57 所示。

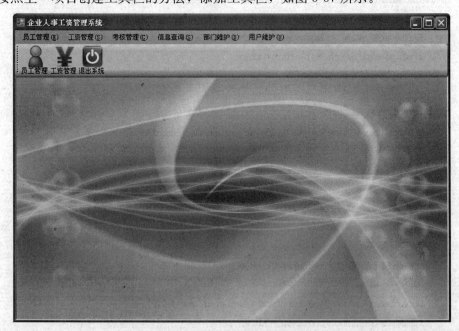

图 5-57　工具栏设计

每个按钮控件的属性基本相似，表 5-12 列出了其中一个按钮控件的属性。

表 5-12　按钮控件属性设置

控件名称	属性	属性值
tsbtnEmployee	AutoSize	False
	DisplayStyle	ImageAndText
	Size	53，55
	Text	员工管理
	TextImageRelation	ImageAboveText
	Image	HRManage.Properties.Resources.employee

工具栏上的按钮一般是触发（Click）事件。为工具栏上的按钮编写代码如下：

```
    //员工管理按钮
private void tsbtnEmployee_Click(object sender,EventArgs e)
{
    EmployeeManage frmEmployeeManage = newEmployeeManage();
    frmEmployeeManage.MdiParent = this;
    frmEmployeeManage.Show();
}
//工资管理按钮
private void tsbtnSalary_Click(object sender,EventArgs e)
{
    SalaryManage frmSalaryManage = newSalaryManage();
    frmSalaryManage.MdiParent = this;
    frmSalaryManage.Show();
}
//退出系统按钮
private void tsbtnExit_Click(object sender,EventArgs e)
{
    Application.Exit();//退出系统
}
```

分析：

1. 已完成工作

（1）窗体的属性设置。

（2）菜单设计。

（3）工具栏设计。

2. 待完善工作

（1）为主窗体设计 Icon 图标。

（2）为主窗体退出系统编写代码。

（3）为主窗体添加状态栏。

5.4.5　添加部门功能模块设计

添加部门界面如图 5-58 所示。该界面的作用是添加部门信息。

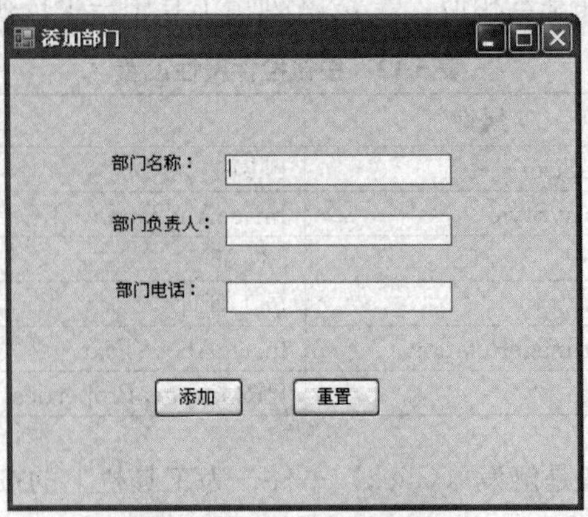

图 5-58 添加部门界面

1. 设计界面

添加部门界面所需控件不是很多，表 5-13 列出了控件的属性设置。

表 5-13 控件属性

控件类型	控件名称	主要属性设置	用途
Label	lblDepartmentName	Text 设置为"部门名称:"	显示提示文字
	lblHeadOfDepartment	Text 设置为"部门负责人:"	显示提示文字
	lblDepartmentPhone	Text 设置为"部门电话:"	显示提示文字
TextBox	txtDepartmentName	Text 设置为空	输入部门名称
	txtHeadOfDepartment	Text 设置为空	输入部门负责人
	txtDepartmentPhone	Text 设置为空	输入部门电话
Button	btnAdd	Text 设置为"添加"	添加
	btnReset	Text 设置为"重置"	重置

2. DAL 层代码

```csharp
using System;
using System.Collections.Generic;
using System.Linq;
using System.Text;
using System.Data;
using System.Data.SqlClient;

namespace DAL
{
    public classDepartment
    {
        /// <summary>
        /// 增加一条数据
        /// </summary>
```

```csharp
public int Add(Model.Department model)
{
    StringBuilder strSql = newStringBuilder();
    strSql.Append("insert into Department(");
    strSql.Append("DepartmentName,HeadOfDepartment,DepartmentPhone)");
    strSql.Append(" values (");
    strSql.Append("@DepartmentName,@HeadOfDepartment,@DepartmentPhone)");
    strSql.Append(";select @@IDENTITY");
    SqlParameter[] parameters = {
            newSqlParameter("@DepartmentName",SqlDbType.NVarChar,50),
            newSqlParameter("@HeadOfDepartment",SqlDbType.NVarChar,50),
            newSqlParameter("@DepartmentPhone",SqlDbType.NVarChar,50)};
    parameters[0].Value = model.DepartmentName;
    parameters[1].Value = model.HeadOfDepartment;
    parameters[2].Value = model.DepartmentPhone;

    object obj = DbHelperSQL.GetSingle(strSql.ToString(), parameters);
    if (obj = = null)
    {
        return 0;
    }
    else
    {
        returnConvert.ToInt32(obj);
    }
}
/// <summary>
/// 更新一条数据
/// </summary>
public bool Update(Model.Department model)
{
    StringBuilder strSql = newStringBuilder();
    strSql.Append("update Department set");
    strSql.Append("DepartmentName = @DepartmentName,");
    strSql.Append("HeadOfDepartment = @HeadOfDepartment,");
    strSql.Append("DepartmentPhone = @DepartmentPhone");
    strSql.Append(" where DepartmentID = @DepartmentID");
    SqlParameter[] parameters = {
            newSqlParameter("@DepartmentName",SqlDbType.NVarChar,50),
            newSqlParameter("@HeadOfDepartment",SqlDbType.NVarChar,50),
            newSqlParameter("@DepartmentPhone",SqlDbType.NVarChar,50),
            new SqlParameter("@DepartmentID", SqlDbType.Int,4)};
    parameters[0].Value = model.DepartmentName;
```

```csharp
        parameters[1].Value = model.HeadOfDepartment;
        parameters[2].Value = model.DepartmentPhone;
        parameters[3].Value = model.DepartmentID;

        int rows = DbHelperSQL.ExecuteSql(strSql.ToString(), parameters);
        if (rows > 0)
        {
            return true;
        }
        else
        {
            return false;
        }
    }

    /// <summary>
    /// 删除一条数据
    /// </summary>
    public bool Delete(int DepartmentID)
    {

        StringBuilder strSql = newStringBuilder();
        strSql.Append("delete from Department");
        strSql.Append(" where DepartmentID = @DepartmentID");
        SqlParameter[] parameters = {
                newSqlParameter("@DepartmentID",SqlDbType.Int,4)
          };
        parameters[0].Value = DepartmentID;

        int rows = DbHelperSQL.ExecuteSql(strSql.ToString(), parameters);
        if (rows > 0)
        {
            return true;
        }
        else
        {
            return false;
        }
    }

    /// <summary>
    /// 得到一个对象实体
    /// </summary>
```

```csharp
public Model.Department GetModel(int DepartmentID)
{

    StringBuilder strSql = newStringBuilder();
    strSql.Append("select top 1 DepartmentID, DepartmentName, HeadOfDepartment, DepartmentPhone from Department");
    strSql.Append(" where DepartmentID = @DepartmentID");
    SqlParameter[] parameters = {
            newSqlParameter("@DepartmentID", SqlDbType.Int, 4)
      };
    parameters[0].Value = DepartmentID;

    Model.Department model = new Model.Department();
    DataSet ds = DbHelperSQL.Query(strSql.ToString(), parameters);
    if (ds.Tables[0].Rows.Count > 0)
    {
        return DataRowToModel(ds.Tables[0].Rows[0]);
    }
    else
    {
        return null;
    }
}


/// <summary>
/// 得到一个对象实体
/// </summary>
public Model.Department DataRowToModel(DataRow row)
{
    Model.Department model = new Model.Department();
    if (row != null)
    {
        if (row["DepartmentID"] != null && row["DepartmentID"].ToString() != "")
        {
            model.DepartmentID = int.Parse(row["DepartmentID"].ToString());
        }
        if (row["DepartmentName"] != null)
        {
            model.DepartmentName = row["DepartmentName"].ToString();
        }
        if (row["HeadOfDepartment"] != null)
        {
            model.HeadOfDepartment = row["HeadOfDepartment"].ToString();
```

```csharp
            }
            if (row["DepartmentPhone"] != null)
            {
                model.DepartmentPhone = row["DepartmentPhone"].ToString();
            }
        }
        return model;
    }


    /// <summary>
    /// 获得数据列表
    /// </summary>
    public DataSet GetList(string strWhere)
    {
        StringBuilder strSql = new StringBuilder();
        strSql.Append(" select DepartmentID, DepartmentName, HeadOfDepartment, DepartmentPhone");
        strSql.Append(" FROM Department");
        if (strWhere.Trim() != "")
        {
            strSql.Append(" where" + strWhere);
        }
        return DbHelperSQL.Query(strSql.ToString());
    }


    /// <summary>
    /// 获得数据列表,无参数
    /// </summary>
    public DataSet GetList()
    {
        StringBuilder strSql = new StringBuilder();
        strSql.Append(" select DepartmentID, DepartmentName, HeadOfDepartment, DepartmentPhone");
        strSql.Append(" FROM Department");
        return DbHelperSQL.Query(strSql.ToString());
    }
  }
}
```

分析:

1. 编写的方法

(1) Add():增加一条数据。

(2) Update():更新一条数据。

(3) Delete()：删除一条数据。
　　(4) GetModel()：得到一个对象实体。
　　(5) DataRowToModel()：将 DataRow 对象中的数据组合成一个对象实体。
　　(6) GetList（string strWhere）：传递查询条件，获得数据列表。
　　(7) GetList()：不传递查询条件，获得数据列表。
　2. 关键代码
　　(1) object obj = DbHelperSQL.GetSingle（strSql.ToString()，parameters);//调用 GetSingle 方法，执行插入语句。
　　(2) int rows=DbHelperSQL.ExecuteSql（strSql.ToString()，parameters);//执行修改和删除语句后，返还影响的行数。
　　(3) DataSet ds = DbHelperSQL.Query（strSql.ToString()，parameters);//执行查询语句，返回 ds。
　　(4) return DataRowToModel（ds.Tables[0].Rows[0]);//调用 DataRowToModel() 方法，返还一个实体。
　　(5) return model;//返还一个实体。
　　(6) return DbHelperSQL.Query（strSql.ToString());//执行查询语句，填充数据到 ds 中。
　3. BLL 层代码

```csharp
using System;
using System.Collections.Generic;
using System.Linq;
using System.Text;
using System.Data;
using Model;

namespace BLL
{
    public partial class Department
    {
        private readonly DAL.Department dal = new DAL.Department();

        /// <summary>
        /// 增加一条数据
        /// </summary>
        public int Add(Model.Department model)
        {
            return dal.Add(model);
        }

        /// <summary>
```

```csharp
        /// 更新一条数据
        /// </summary>
        public bool Update(Model.Department model)
        {
            return dal.Update(model);
        }


        /// <summary>
        /// 删除一条数据
        /// </summary>
        public bool Delete(int DepartmentID)
        {
            return dal.Delete(DepartmentID);
        }


        /// <summary>
        /// 得到一个对象实体
        /// </summary>
        public Model.Department GetModel(int DepartmentID)
        {
            return dal.GetModel(DepartmentID);
        }


        /// <summary>
        /// 获得数据列表
        /// </summary>
        publicDataSet GetList(string strWhere)
        {
            return dal.GetList(strWhere);
        }


        /// <summary>
        /// 获得数据列表,无参数
        /// </summary>
        publicDataSet GetList()
        {
            return dal.GetList();
        }
    }
}
```

分析:

1. 编写的方法

(1) Add()：增加一条数据。

(2) Update()：更新一条数据。

(3) Delete()：删除一条数据。

(4) GetModel()：得到一个对象实体。

(5) GetList (string strWhere)：传递查询条件，获得数据列表。

(6) GetList()：不传递查询条件，获得数据列表。

2. 关键代码

(1) return dal.Add (model);//执行增加一条数据命令。

(2) return dal.Update (model);//执行更新一条数据命令。

(3) return dal.Delete (DepartmentID);//执行删除一条数据命令。

(4) return dal.GetModel (DepartmentID);//通过部门编号，返还实体。

(5) return dal.GetList (strWhere);//执行查询语句，填充数据到 ds 中。

(6) return dal.GetList();//执行查询语句，填充数据到 ds 中。

4. 编写窗体代码

```
using System;
using System.Collections.Generic;
using System.ComponentModel;
using System.Data;
using System.Drawing;
using System.Linq;
using System.Text;
using System.Windows.Forms;
using BLL;
using Model;

namespace HRManage
{
    public partial classDepartmentAdd : Form
    {
        public DepartmentAdd()
        {
            InitializeComponent();
        }

        private void btnAdd_Click(object sender,EventArgs e)
        {
            string departmentName = txtDepartmentName.Text.Trim();
            string headOfDepartment = txtHeadOfDepartment.Text.Trim();
            string departmentPhone = txtDepartmentPhone.Text.Trim();
            BLL.Department bll = new BLL.Department();//实例化 BLL 层
            Model.Department model = new Model.Department();//实例化 Model 层
```

```csharp
            model.DepartmentName = departmentName;
            model.HeadOfDepartment = headOfDepartment;
            model.DepartmentPhone = departmentPhone;
            if (bll.Add(model) > 0)//将部门信息添加到数据库中,根据影响的行数判断是否添加成功
            {
                MessageBox.Show("数据添加成功");
            }
            else
            {
                MessageBox.Show("数据添加失败");
            }
        }

        private void btnReset_Click(object sender, EventArgs e)
        {
            txtDepartmentName.Text = "";
            txtHeadOfDepartment.Text = "";
            txtDepartmentPhone.Text = "";
            txtDepartmentName.Focus();
        }
    }
}
```

分析:

1. 调用 BLL 层的方法

Add(): 添加数据。

2. 关键代码

(1) BLL.Department bll = new BLL.Department();//实例化 BLL 层。

(2) Model.Department model = new Model.Department();//实例化 Model 层。

(3) if(bll.Add(model)>0) //将部门信息添加到数据库中,根据影响的行数判断是否添加成功。

3. 已完成工作

(1) 窗体控件属性设置。

(2) 部门信息的添加功能。

(3) 重置功能。

4. 待完善工作

(1) 文本框的输入规范检查。

(2) 异常处理。

5.4.6 管理部门功能模块设计

管理部门界面如图 5-59 所示。该界面的作用是管理部门信息。

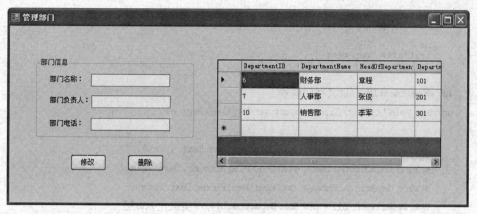

图 5-59 管理部门界面

1. 设计界面

管理部门界面所需控件不是很多，表 5-14 列出了控件的属性设置。

表 5-14 控件属性

控件类型	控件名称	主要属性设置	用途
Label	lblDepartmentName	Text 设置为 "部门名称："	显示提示文字
	lblHeadOfDepartment	Text 设置为 "部门负责人："	显示提示文字
	lblDepartmentPhone	Text 设置为 "部门电话："	显示提示文字
TextBox	txtDepartmentName	Text 设置为空	输入部门名称
	txtHeadOfDepartment	Text 设置为空	输入部门负责人
	txtDepartmentPhone	Text 设置为空	输入部门电话
Button	btnEdit	Text 设置为 "修改"	修改
	btnDel	Text 设置为 "删除"	删除
DataGridView	dgvDepartmentInfo	Size 设置为 "387，179"	显示部门信息

2. 编写窗体代码

```
using System;
using System.Collections.Generic;
using System.ComponentModel;
using System.Data;
using System.Drawing;
using System.Linq;
using System.Text;
using System.Windows.Forms;

namespace HRManage
{
    public partial class DepartmentManage : Form
    {
```

```csharp
public DepartmentManage()
{
    InitializeComponent();
}
int departmentID;//定义部门编号
private void btnEdit_Click(object sender,EventArgs e)
{
    string departmentName = txtDepartmentName.Text.Trim();
    string headOfDepartment = txtHeadOfDepartment.Text.Trim();
    string departmentPhone = txtDepartmentPhone.Text.Trim();
    BLL.Department bll = new BLL.Department();//实例化 BLL 层
    Model.Department model = new Model.Department();//实例化 Model 层
    model.DepartmentID = departmentID;//departmentID 值从 dgvDepartmentInfo 的 CellClick 事件取得
    model.DepartmentName = departmentName;
    model.HeadOfDepartment = headOfDepartment;
    model.DepartmentPhone = departmentPhone;

    if (departmentName != "" && headOfDepartment != "" && departmentPhone != "")
    {
        if (bll.Update(model) == true)//根据返回布尔值判断是否修改数据成功
        {
            MessageBox.Show("部门信息修改成功!","成功提示",MessageBoxButtons.OK,MessageBoxIcon.Information);
            DataBind();//刷新 DataGridView 数据
        }
        else
        {
            MessageBox.Show("部门信息修改失败!","错误提示",MessageBoxButtons.OK,MessageBoxIcon.Error);
        }
    }
    else
    {
        MessageBox.Show("请检查数据输入的正确性!","错误提示",MessageBoxButtons.OK,MessageBoxIcon.Information);
    }
}
public void DataBind()//定义一个函数用于绑定数据到 DataGridView
{
    BLL.Department bll = new BLL.Department();//实例化 BLL 层
    DataSet ds = newDataSet();
    ds = bll.GetList();//执行 SQL 语句,将结果存在 ds 中
```

```csharp
            dgvDepartmentInfo.DataSource = ds.Tables[0];//将 ds 中的表作为 DataGridView 的数据源
        }

        private void btnDel_Click(object sender, EventArgs e)
        {
            BLL.Department bll = new BLL.Department();//实例化 BLL 层
            if (bll.Delete(departmentID) == true)//根据返回布尔值判断是否删除数据成功
            {
                MessageBox.Show("部门信息删除成功!","成功提示",MessageBoxButtons.OK,MessageBoxIcon.Information);
                DataBind();//刷新 DataGridView 数据
            }
            else
            {
                MessageBox.Show("部门信息删除失败!","错误提示", MessageBoxButtons.OK, MessageBoxIcon.Error);
            }
        }

        private void DepartmentManage_Load(object sender, EventArgs e)
        {
            DataBind();//窗体登录时绑定数据到 DataGridView
        }

        private void dgvDepartmentInfo_CellClick(object sender, DataGridViewCellEventArgs e)
        {
            departmentID = int.Parse( dgvDepartmentInfo.CurrentCell.OwningRow.Cells[0].Value.ToString());//获取部门编号
            txtDepartmentName.Text = dgvDepartmentInfo.CurrentCell.OwningRow.Cells[1].Value.ToString();
            txtHeadOfDepartment.Text = dgvDepartmentInfo.CurrentCell.OwningRow.Cells[2].Value.ToString();
            txtDepartmentPhone.Text = dgvDepartmentInfo.CurrentCell.OwningRow.Cells[3].Value.ToString();
        }
    }
}
```

分析:

1. 调用 BLL 层的方法

(1) Update():修改数据。

(2) Delete():删除数据。

(3) GetList():执行 SQL 语句,将结果存在 ds 中。

2. 关键代码

(1) int departmentID;//定义部门编号。

(2) BLL. Department bll = new BLL. Department();//实例化 BLL 层。

(3) Model. Department model = new Model. Department();//实例化 Model 层。

(4) model. DepartmentID = departmentID;//departmentID 值从 dgvDepartmentInfo 的 CellClick 事件取得。

(5) if (bll. Update (model) == true) //根据返回布尔值判断是否修改数据成功。

(6) if (bll. Delete (departmentID) == true) //根据返回布尔值判断是否删除数据成功。

(7) DataBind();//刷新 DataGridView 数据。

(8) ds = bll. GetList();//执行 SQL 语句,将结果存在 ds 中。

(9) departmentID = int. Parse (dgvDepartmentInfo. CurrentCell. OwningRow. Cells [0]. Value. ToString());//获取部门编号。

3. 已完成工作

(1) 窗体控件属性设置。

(2) 修改部门信息功能。

(3) 删除部门信息功能。

4. 待完善工作

(1) 文本框的输入规范检查。

(2) 异常处理。

(3) 没有在控件 dgvDepartmentInfo 中选择部门信息时,单击"删除"按钮会报错,代码如何修改?

(4) 如果该部门已经有员工,则不能删除部门信息,如何修改代码?

(5) 将 DataGridView 的列标题显示为中文,代码如何修改?

5.4.7 添加员工功能模块设计

添加员工界面如图 5-60 所示。该界面的作用是添加员工信息。

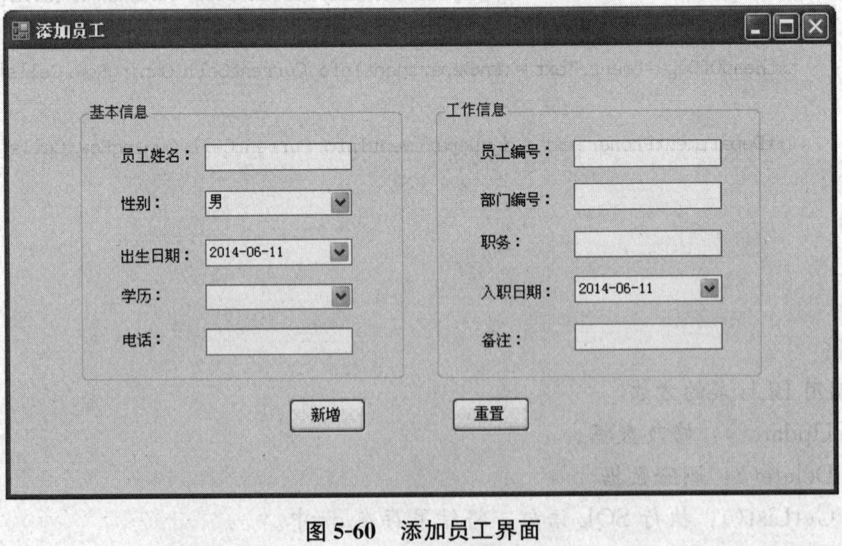

图 5-60 添加员工界面

1. 设计界面

添加员工界面使用控件比较多，表 5-15 列出了主要控件的属性设置。

表 5-15　主要控件属性

控件类型	控件名称	主要属性设置	用途
TextBox	txtEmployeeName	Text 设置为空	输入员工姓名
	txtPhone	Text 设置为空	输入电话
	txtEmployeeID	Text 设置为空	输入员工编号
	txtDepartmentID	Text 设置为空	输入部门编号
	txtPosition	Text 设置为空	输入职务信息
	txtRemarks	Text 设置为空	输入备注信息
ComboBox	cboSex	Items 设置为： 男 女	显示性别
	cbxEducation	Items 设置为： 博士 硕士 本科 专科 高中 初中 小学 其他	显示学历
DateTimePicker	dtpBirthday		显示出生日期
	dtpHireDate		显示入职日期
Button	btnAdd	Text 设置为"新增"	新增
	btnReset	Text 设置为"重置"	重置

2. DAL 层代码

```csharp
using System;
using System.Collections.Generic;
using System.Linq;
using System.Text;
using System.Data;
using System.Data.SqlClient;

namespace DAL
{
    public partial class Employee
    {
        /// <summary>
        /// 增加一条数据
        /// </summary>
        public bool Add(Model.Employee model)
```

```csharp
{
    StringBuilder strSql = new StringBuilder();
    strSql.Append("insert into Employee(");
    strSql.Append("EmployeeID,EmployeeName,Sex,Birthday,Phone,HireDate,Education,DepartmentID,Position,Remarks)");
    strSql.Append(" values (");
    strSql.Append("@EmployeeID,@EmployeeName,@Sex,@Birthday,@Phone,@HireDate,@Education,@DepartmentID,@Position,@Remarks)");
    SqlParameter[] parameters = {
        new SqlParameter("@EmployeeID",SqlDbType.NVarChar,50),
        new SqlParameter("@EmployeeName",SqlDbType.NVarChar,50),
        new SqlParameter("@Sex",SqlDbType.NChar,2),
        new SqlParameter("@Birthday",SqlDbType.DateTime),
        new SqlParameter("@Phone",SqlDbType.NVarChar,20),
        new SqlParameter("@HireDate",SqlDbType.DateTime),
        new SqlParameter("@Education",SqlDbType.NVarChar,20),
        new SqlParameter("@DepartmentID",SqlDbType.Int,4),
        new SqlParameter("@Position",SqlDbType.NVarChar,20),
        new SqlParameter("@Remarks",SqlDbType.NVarChar,-1)};
    parameters[0].Value = model.EmployeeID;
    parameters[1].Value = model.EmployeeName;
    parameters[2].Value = model.Sex;
    parameters[3].Value = model.Birthday;
    parameters[4].Value = model.Phone;
    parameters[5].Value = model.HireDate;
    parameters[6].Value = model.Education;
    parameters[7].Value = model.DepartmentID;
    parameters[8].Value = model.Position;
    parameters[9].Value = model.Remarks;

    int rows = DbHelperSQL.ExecuteSql(strSql.ToString(), parameters);
    if (rows > 0)
    {
        return true;
    }
    else
    {
        return false;
    }
}
/// <summary>
/// 更新一条数据
/// </summary>
```

```csharp
public bool Update(Model.Employee model)
{
    StringBuilder strSql = newStringBuilder();
    strSql.Append("update Employee set");
    strSql.Append("EmployeeName = @EmployeeName,");
    strSql.Append("Sex = @Sex,");
    strSql.Append("Birthday = @Birthday,");
    strSql.Append("Phone = @Phone,");
    strSql.Append("HireDate = @HireDate,");
    strSql.Append("Education = @Education,");
    strSql.Append("DepartmentID = @DepartmentID,");
    strSql.Append("Position = @Position,");
    strSql.Append("Remarks = @Remarks");
    strSql.Append(" where EmployeeID = @EmployeeID");
    SqlParameter[] parameters = {
            newSqlParameter("@EmployeeName",SqlDbType.NVarChar,50),
            newSqlParameter("@Sex",SqlDbType.NChar,2),
            newSqlParameter("@Birthday",SqlDbType.DateTime),
            newSqlParameter("@Phone",SqlDbType.NVarChar,20),
            newSqlParameter("@HireDate",SqlDbType.DateTime),
            newSqlParameter("@Education",SqlDbType.NVarChar,20),
            newSqlParameter("@DepartmentID",SqlDbType.Int,4),
            newSqlParameter("@Position",SqlDbType.NVarChar,20),
            newSqlParameter("@Remarks",SqlDbType.NVarChar,-1),
            newSqlParameter("@EmployeeID",SqlDbType.NVarChar,50)};
    parameters[0].Value = model.EmployeeName;
    parameters[1].Value = model.Sex;
    parameters[2].Value = model.Birthday;
    parameters[3].Value = model.Phone;
    parameters[4].Value = model.HireDate;
    parameters[5].Value = model.Education;
    parameters[6].Value = model.DepartmentID;
    parameters[7].Value = model.Position;
    parameters[8].Value = model.Remarks;
    parameters[9].Value = model.EmployeeID;

    int rows = DbHelperSQL.ExecuteSql(strSql.ToString(), parameters);
    if (rows > 0)
    {
        return true;
    }
    else
    {
```

```csharp
            return false;
        }
    }

    /// <summary>
    /// 删除一条数据
    /// </summary>
    public bool Delete(string EmployeeID)
    {
        StringBuilder strSql = newStringBuilder();
        strSql.Append("delete from Employee");
        strSql.Append(" where EmployeeID = @EmployeeID");
        SqlParameter[] parameters = {
            newSqlParameter("@EmployeeID",SqlDbType.NVarChar,50)        };
        parameters[0].Value = EmployeeID;

        int rows = DbHelperSQL.ExecuteSql(strSql.ToString(), parameters);
        if (rows > 0)
        {
            return true;
        }
        else
        {
            return false;
        }
    }

    /// <summary>
    /// 得到一个对象实体
    /// </summary>
    public Model.Employee GetModel(string EmployeeID)
    {
        StringBuilder strSql = newStringBuilder();
        strSql.Append("select top 1 EmployeeID,EmployeeName,Sex,Birthday,Phone,HireDate,Education,DepartmentID,Position,Remarks from Employee");
        strSql.Append(" where EmployeeID = @EmployeeID");
        SqlParameter[] parameters = {
            newSqlParameter("@EmployeeID",SqlDbType.NVarChar,50)        };
        parameters[0].Value = EmployeeID;

        Model.Employee model = new Model.Employee();
```

```csharp
    DataSet ds = DbHelperSQL.Query(strSql.ToString(), parameters);
    if (ds.Tables[0].Rows.Count > 0)
    {
        return DataRowToModel(ds.Tables[0].Rows[0]);
    }
    else
    {
        return null;
    }
}

/// <summary>
/// 得到一个对象实体
/// </summary>
public Model.Employee DataRowToModel(DataRow row)
{
    Model.Employee model = new Model.Employee();
    if (row != null)
    {
        if (row["EmployeeID"] != null)
        {
            model.EmployeeID = row["EmployeeID"].ToString();
        }
        if (row["EmployeeName"] != null)
        {
            model.EmployeeName = row["EmployeeName"].ToString();
        }
        if (row["Sex"] != null)
        {
            model.Sex = row["Sex"].ToString();
        }
        if (row["Birthday"] != null && row["Birthday"].ToString() != "")
        {
            model.Birthday = DateTime.Parse(row["Birthday"].ToString());
        }
        if (row["Phone"] != null)
        {
            model.Phone = row["Phone"].ToString();
        }
        if (row["HireDate"] != null && row["HireDate"].ToString() != "")
        {
            model.HireDate = DateTime.Parse(row["HireDate"].ToString());
        }
```

```csharp
            if (row["Education"] != null)
            {
                model.Education = row["Education"].ToString();
            }
            if (row["DepartmentID"] != null && row["DepartmentID"].ToString() != "")
            {
                model.DepartmentID = int.Parse(row["DepartmentID"].ToString());
            }
            if (row["Position"] != null)
            {
                model.Position = row["Position"].ToString();
            }
            if (row["Remarks"] != null)
            {
                model.Remarks = row["Remarks"].ToString();
            }
        }
        return model;
    }

    /// <summary>
    /// 获得数据列表
    /// </summary>
    public DataSet GetList(string strWhere)
    {
        StringBuilder strSql = new StringBuilder();
        strSql.Append("select EmployeeID, EmployeeName, Sex, Birthday, Phone, HireDate, Education, DepartmentID, Position, Remarks");
        strSql.Append(" FROM Employee");
        if (strWhere.Trim() != "")
        {
            strSql.Append(" where" + strWhere);
        }
        return DbHelperSQL.Query(strSql.ToString());
    }

    /// <summary>
    /// 获得数据列表,无参数
    /// </summary>
    public DataSet GetList()
    {
        StringBuilder strSql = new StringBuilder();
        strSql.Append("select EmployeeID, EmployeeName, Sex, Birthday, Phone, HireDate, Educa-
```

```
tion,DepartmentID,Position,Remarks");
            strSql.Append(" FROM Employee");
            return DbHelperSQL.Query(strSql.ToString());
        }
    }
}
```

分析：

1. 编写的方法

（1） Add()：增加一条数据。

（2） Update()：更新一条数据。

（3） Delete()：删除一条数据。

（4） GetModel()：得到一个对象实体。

（5） DataRowToModel()：将 DataRow 对象中的数据组合成一个对象实体。

（6） GetList（string strWhere)：传递查询条件，获得数据列表。

（7） GetList()：不传递查询条件，获得数据列表。

2. 关键代码

（1） int rows=DbHelperSQL.ExecuteSql（strSql.ToString()，parameters)；//执行插入、修改和删除语句后，返还影响的行数。

（2） DataSet ds = DbHelperSQL.Query（strSql.ToString()，parameters)；//执行查询语句，返回 ds。

（3） return DataRowToModel（ds.Tables[0].Rows[0])；//调用 DataRowToModel() 方法，返还一个实体。

（4） return model；//返还一个实体。

（5） return DbHelperSQL.Query（strSql.ToString())；//执行查询语句，填充数据到 ds 中。

3. BLL 层代码

```
using System;
using System.Collections.Generic;
using System.Linq;
using System.Text;
using System.Data;
using Model;

namespace BLL
{
    public partial class Employee
    {
        private readonly DAL.Employee dal = new DAL.Employee();
```

```csharp
/// <summary>
/// 增加一条数据
/// </summary>
public bool Add(Model.Employee model)
{
    return dal.Add(model);
}


/// <summary>
/// 更新一条数据
/// </summary>
public bool Update(Model.Employee model)
{
    return dal.Update(model);
}


/// <summary>
/// 删除一条数据
/// </summary>
public bool Delete(string EmployeeID)
{
    return dal.Delete(EmployeeID);
}


/// <summary>
/// 得到一个对象实体
/// </summary>
public Model.Employee GetModel(string EmployeeID)
{
    return dal.GetModel(EmployeeID);
}


/// <summary>
/// 获得数据列表
/// </summary>
publicDataSet GetList(string strWhere)
{
    return dal.GetList(strWhere);
}


/// <summary>
/// 获得数据列表,无参数
/// </summary>
```

```
        publicDataSet GetList()
        {
            return dal.GetList();
        }
    }
}
```

分析：

1. 编写的方法

（1）Add()：增加一条数据。
（2）Update()：更新一条数据。
（3）Delete()：删除一条数据。
（4）GetModel()：得到一个对象实体。
（5）GetList（string strWhere）：传递查询条件，获得数据列表。
（6）GetList()：不传递查询条件，获得数据列表。

2. 关键代码

（1）return dal.Add（model）;//执行增加一条数据命令。
（2）return dal.Update（model）;//执行更新一条数据命令。
（3）return dal.Delete（EmployeeID）;//执行删除一条数据命令。
（4）return dal.GetModel（EmployeeID）;//通过员工编号，返还实体。
（5）return dal.GetList（strWhere）;//执行查询语句，填充数据到 ds 中。
（6）return dal.GetList()；//执行查询语句，填充数据到 ds 中。

4. 编写窗体代码

```
using System;
using System.Collections.Generic;
using System.ComponentModel;
using System.Data;
using System.Drawing;
using System.Linq;
using System.Text;
using System.Windows.Forms;

namespace HRManage
{
    public partial classEmployeeAdd : Form
    {
        public EmployeeAdd()
        {
            InitializeComponent();
        }
```

```csharp
private void btnAdd_Click(object sender,EventArgs e)
{
    string strErr = "";
    if(txtEmployeeID.Text.Trim().Length = = 0)
    {
        strErr + = "员工编号不能为空!\\n";
    }
    if(txtEmployeeName.Text.Trim().Length = = 0)
    {
        strErr + = "员工姓名不能为空!\\n";
    }
    if(txtPhone.Text.Trim().Length = = 0)
    {
        strErr + = "Phone 不能为空!\\n";
    }
    if(txtDepartmentID.Text.Trim().Length = = 0)
    {
        strErr + = "DepartmentID 格式错误!\\n";
    }
    if(this.txtPosition.Text.Trim().Length = = 0)
    {
        strErr + = "职务不能为空!\\n";
    }
    if(strErr! = "")
    {
        MessageBox.Show(this,strErr);
        return;
    }
    string EmployeeID = txtEmployeeID.Text;
    string EmplyeeName = txtEmployeeName.Text;
    string Sex = cboSex.Text;
    DateTime Birthday = DateTime.Parse(dtpBirthday.Text);
    string Phone = txtPhone.Text;
    DateTime HireDate = DateTime.Parse(dtpHireDate.Text);
    string Education = cbxEducation.Text;
    int DepartmentID = int.Parse(txtDepartmentID.Text);
    string Position = txtPosition.Text;
    string Remarks = txtRemarks.Text;

    Model.Employee model = new Model.Employee();//实例化 Model 层
    model.EmployeeID = EmployeeID;
    model.EmployeeName = EmplyeeName;
```

```
            model.Sex = Sex;
            model.Birthday = Birthday;
            model.Phone = Phone;
            model.HireDate = HireDate;
            model.Education = Education;
            model.DepartmentID = DepartmentID;
            model.Position = Position;
            model.Remarks = Remarks;
            BLL.Employee bll = new BLL.Employee();//实例化BLL层

            if(bll.Add(model) == true)//将员工信息添加到数据库中,根据返回值判断是否添加成功
            {
                MessageBox.Show("数据添加成功");
            }
            else
            {
                MessageBox.Show("数据添加失败");
            }
        }

        private void btnReset_Click(object sender,EventArgs e)
        {
            txtEmployeeID.Text = "";
            txtEmployeeName.Text = "";
            txtPhone.Text = "";
            txtDepartmentID.Text = "";
            txtPosition.Text = "";
            txtRemarks.Text = "";
            txtEmployeeName.Focus();
        }
    }
}
```

分析:

1. 调用 BLL 层的方法

Add(): 添加数据。

2. 关键代码

(1) Model.Employee model = new Model.Employee();//实例化 Model 层。

(2) BLL.Employee bll = new BLL.Employee();//实例化 BLL 层。

(3) if (bll.Add (model) == true) //将员工信息添加到数据库中,根据返回值判断是否添加成功。

3. 已完成工作

(1) 窗体控件属性设置。

(2) 员工信息的添加功能。
(3) 重置功能。

4. 待完善工作

(1) 文本框的输入规范检查。
(2) 异常处理。
(3) 如果添加的员工编号重复，代码如何修改？

5.4.8 管理员工功能模块设计

管理员工界面如图 5-61 所示。该界面的作用是管理员工信息。

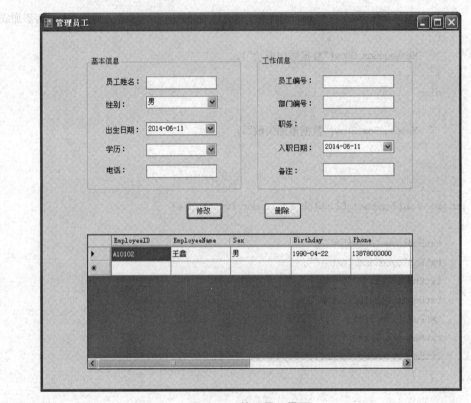

图 5-61 管理员工界面

1. 设计界面

管理员工界面使用控件比较多，表 5-16 列出了主要控件的属性设置。

表 5-16 主要控件属性

控件类型	控件名称	主要属性设置	用途
TextBox	txtEmployeeName	Text 设置为空	输入员工姓名
	txtPhone	Text 设置为空	输入电话
	txtEmployeeID	Text 设置为空	输入员工编号
	txtDepartmentID	Text 设置为空	输入部门编号
	txtPosition	Text 设置为空	输入职务信息
	txtRemarks	Text 设置为空	输入备注信息

续表

控件类型	控件名称	主要属性设置	用途
ComboBox	cboSex	Items 设置为： 男 女	显示性别
	cbxEducation	Items 设置为： 博士 硕士 本科 专科 高中 初中 小学 其他	显示学历
DateTimePicker	dtpBirthday		显示出生日期
	dtpHireDate		显示入职日期
Button	btnUpdate	Text 设置为"修改"	修改
	btnDelete	Text 设置为"删除"	删除
DataGridView	dgvEmployeeInfo	Size 设置为"545，179"	显示员工信息

2. 编写窗体代码

```csharp
using System;
using System.Collections.Generic;
using System.ComponentModel;
using System.Data;
using System.Drawing;
using System.Linq;
using System.Text;
using System.Windows.Forms;

namespace HRManage
{
    public partial class EmployeeManage : Form
    {
        public EmployeeManage()
        {
            InitializeComponent();
        }

        private void btnUpdate_Click(object sender, EventArgs e)
        {
            string strErr = "";
            if (txtEmployeeID.Text.Trim().Length == 0)
```

```csharp
{
    strErr + = "员工编号不能为空!\\n";
}
if (txtEmployeeName.Text.Trim().Length = = 0)
{
    strErr + = "员工姓名不能为空!\\n";
}
if (txtPhone.Text.Trim().Length = = 0)
{
    strErr + = "Phone 不能为空!\\n";
}
if (txtDepartmentID.Text.Trim().Length = = 0)
{
    strErr + = "DepartmentID 格式错误!\\n";
}
if (this.txtPosition.Text.Trim().Length = = 0)
{
    strErr + = "职务不能为空!\\n";
}
if (strErr ! = "")
{
    MessageBox.Show(this, strErr);
    return;
}
string employeeID = txtEmployeeID.Text;
string emplyeeName = txtEmployeeName.Text;
string sex = cboSex.Text;
DateTime birthday = DateTime.Parse(dtpBirthday.Text);
string phone = txtPhone.Text;
DateTime hireDate = DateTime.Parse(dtpHireDate.Text);
string education = cbxEducation.Text;
int departmentID = int.Parse(txtDepartmentID.Text);
string position = txtPosition.Text;
string remarks = txtRemarks.Text;

Model.Employee model = new Model.Employee();//实例化 Model 层
model.EmployeeID = employeeID;
model.EmployeeName = emplyeeName;
model.Sex = sex;
model.Birthday = birthday;
model.Phone = phone;
model.HireDate = hireDate;
model.Education = education;
```

```csharp
            model.DepartmentID = departmentID;
            model.Position = position;
            model.Remarks = remarks;

            BLL.Employee bll = new BLL.Employee();//实例化 BLL 层

            if (bll.Update(model) == true)//根据返回布尔值判断是否修改数据成功
            {
                MessageBox.Show("员工信息修改成功");
                DataBind();//刷新 DataGridView 数据
            }
            else
            {
                MessageBox.Show("员工信息修改失败");
            }
        }
        public void DataBind()//定义一个函数用于绑定数据到 DataGridView
        {
            BLL.Employee bll = new BLL.Employee();//实例化 BLL 层
            DataSet ds = newDataSet();
            ds = bll.GetList();//执行 SQL 语句,将结果存在 ds 中
            dgvEmployeeInfo.DataSource = ds.Tables[0];//将 ds 中的表作为 DataGridView 的数据源
        }

        private void EmployeeManage_Load(object sender, EventArgs e)
        {
            DataBind();//窗体登录时绑定数据到 DataGridView
        }

        private void dgvEmployeeInfo_CellClick(object sender, DataGridViewCellEventArgs e)
        {
            txtEmployeeID.Text = dgvEmployeeInfo.CurrentCell.OwningRow.Cells[0].Value.ToString();
            txtEmployeeName.Text = dgvEmployeeInfo.CurrentCell.OwningRow.Cells[1].Value.ToString();
            cboSex.Text = dgvEmployeeInfo.CurrentCell.OwningRow.Cells[2].Value.ToString();
            dtpBirthday.Text = dgvEmployeeInfo.CurrentCell.OwningRow.Cells[3].Value.ToString();
            txtPhone.Text = dgvEmployeeInfo.CurrentCell.OwningRow.Cells[4].Value.ToString();
            dtpHireDate.Text = dgvEmployeeInfo.CurrentCell.OwningRow.Cells[5].Value.ToString();
            cbxEducation.Text = dgvEmployeeInfo.CurrentCell.OwningRow.Cells[6].Value.ToString();
```

```csharp
            txtDepartmentID.Text = dgvEmployeeInfo.CurrentCell.OwningRow.Cells[7].Value.ToString();
            txtPosition.Text = dgvEmployeeInfo.CurrentCell.OwningRow.Cells[8].Value.ToString();
            txtRemarks.Text = dgvEmployeeInfo.CurrentCell.OwningRow.Cells[9].Value.ToString();
        }

        private void btnDelete_Click(object sender, EventArgs e)
        {
            string employeeID = txtEmployeeID.Text;
            BLL.Employee bll = new BLL.Employee();//实例化BLL层
            if (bll.Delete(employeeID) == true)//根据返回布尔值判断是否删除数据成功
            {
                MessageBox.Show("员工信息删除成功!","成功提示",MessageBoxButtons.OK,MessageBoxIcon.Information);
                DataBind(); DbHelperSQL.GetSingle(strSql.ToStr//刷新DataGridView数据
            }
            else
            {
                MessageBox.Show("员工信息删除失败!","错误提示",MessageBoxButtons.OK,MessageBoxIcon.Error);
            }
        }
    }
}
```

分析：

1. 调用 BLL 层的方法

(1) Update()：修改数据。

(2) Delete()：删除数据。

(3) GetList()：执行 SQL 语句，将结果存在 ds 中。

2. 关键代码

(1) Model.Employee model = new Model.Employee();//实例化 Model 层。

(2) BLL.Employee bll = new BLL.Employee();//实例化 BLL 层。

(3) if (bll.Update (model) == true) //根据返回布尔值判断是否修改数据成功。

(4) ds = bll.GetList();//执行 SQL 语句，将结果存在 ds 中。

(5) if (bll.Delete (employeeID) == true) //根据返回布尔值判断是否删除数据成功。

(6) DataBind();//刷新 DataGridView 数据。

3. 已完成工作

(1) 窗体控件属性设置。

(2) 修改员工信息功能。

(3) 删除员工信息功能。

4. 待完善工作

(1) 文本框的输入规范检查。

(2) 异常处理。

(3) 没有在控件 dgvEmployeeInfo 中选择员工信息时，单击"删除"按钮会报错，代码如何修改？

(4) 如果该员工已经有工资和考核记录，则不能删除员工信息，如何修改代码？

(5) 将 DataGridView 的列标题显示为中文，代码如何修改？

5.4.9 添加工资功能模块设计

添加工资界面如图 5-62 所示。该界面的作用是添加工资信息。

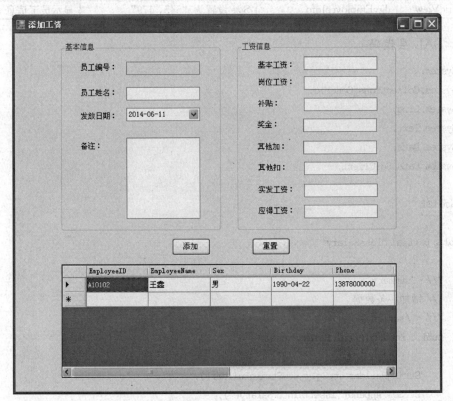

图 5-62 添加工资界面

1. 设计界面

添加工资界面使用控件比较多，表 5-17 列出了主要控件的属性设置。

表 5-17 主要控件属性

控件类型	控件名称	主要属性设置	用途
TextBox	txtEmployeeID	Text 设置为空	输入员工编号
	txtEmplyeeName	Text 设置为空	输入员工姓名
	txtRemarks	Text 设置为空	输入备注
	txtBasicSalary	Text 设置为空	输入基本工资

续表

控件类型	控件名称	主要属性设置	用途
TextBox	txtPostSalary	Text 设置为空	输入岗位工资
	txtAllowance	Text 设置为空	输入补贴
	txtBouns	Text 设置为空	输入奖金
	txtOtherAdd	Text 设置为空	输入其他加
	txtOtherSubtract	Text 设置为空	输入其他扣
	txtFinalPay	Text 设置为空	输入实发工资
	txtTotalPay	Text 设置为空	输入应得工资
DateTimePicker	dtpSalayMonth		显示发放日期
Button	btnAdd	Text 设置为"添加"	添加
	btnReset	Text 设置为"重置"	重置
DataGridView	dgvEmployeeInfo	Size 设置为"545, 179"	显示员工信息

2. DAL 层代码

```
using System;
using System.Collections.Generic;
using System.Linq;
using System.Text;
using System.Data;
using System.Data.SqlClient;

namespace DAL
{
    public partial classSalary
    {
        /// <summary>
        /// 增加一条数据
        /// </summary>
        public int Add(Model.Salary model)
        {
            StringBuilder strSql = newStringBuilder();
            strSql.Append("insert into Salary(");
            strSql.Append("EmployeeID,BasicSalary,PostSalary,Allowance,Bouns,OtherAdd,OtherSubtract,FinalPay,TotalPay,SalayMonth,Remarks)");
            strSql.Append(" values (");
            strSql.Append("@EmployeeID,@BasicSalary,@PostSalary,@Allowance,@Bouns,@OtherAdd,@OtherSubtract,@FinalPay,@TotalPay,@SalayMonth,@Remarks)");
            strSql.Append(";select @@IDENTITY");
            SqlParameter[] parameters = {
                newSqlParameter("@EmployeeID",SqlDbType.NVarChar,50),
```

```csharp
            newSqlParameter("@BasicSalary",SqlDbType.Decimal,9),
            newSqlParameter("@PostSalary",SqlDbType.Decimal,9),
            newSqlParameter("@Allowance",SqlDbType.Decimal,9),
            newSqlParameter("@Bouns",SqlDbType.Decimal,9),
            newSqlParameter("@OtherAdd",SqlDbType.Decimal,9),
            newSqlParameter("@OtherSubtract",SqlDbType.Decimal,9),
            newSqlParameter("@FinalPay",SqlDbType.Decimal,9),
            newSqlParameter("@TotalPay",SqlDbType.Decimal,9),
            newSqlParameter("@SalayMonth",SqlDbType.NVarChar,50),
            newSqlParameter("@Remarks",SqlDbType.NVarChar,-1)};
    parameters[0].Value = model.EmployeeID;
    parameters[1].Value = model.BasicSalary;
    parameters[2].Value = model.PostSalary;
    parameters[3].Value = model.Allowance;
    parameters[4].Value = model.Bouns;
    parameters[5].Value = model.OtherAdd;
    parameters[6].Value = model.OtherSubtract;
    parameters[7].Value = model.FinalPay;
    parameters[8].Value = model.TotalPay;
    parameters[9].Value = model.SalayMonth;
    parameters[10].Value = model.Remarks;

    object obj = DbHelperSQL.GetSingle(strSql.ToString(), parameters);
    if (obj = = null)
    {
        return 0;
    }
    else
    {
        returnConvert.ToInt32(obj);
    }
}
/// <summary>
/// 更新一条数据
/// </summary>
public bool Update(Model.Salary model)
{
    StringBuilder strSql = newStringBuilder();
    strSql.Append("update Salary set");
    strSql.Append("EmployeeID = @EmployeeID,");
    strSql.Append("BasicSalary = @BasicSalary,");
    strSql.Append("PostSalary = @PostSalary,");
    strSql.Append("Allowance = @Allowance,");
```

```csharp
strSql.Append("Bouns = @Bouns,");
strSql.Append("OtherAdd = @OtherAdd,");
strSql.Append("OtherSubtract = @OtherSubtract,");
strSql.Append("FinalPay = @FinalPay,");
strSql.Append("TotalPay = @TotalPay,");
strSql.Append("SalayMonth = @SalayMonth,");
strSql.Append("Remarks = @Remarks");
strSql.Append(" where SalaryID = @SalaryID");
SqlParameter[] parameters = {
    newSqlParameter("@EmployeeID", SqlDbType.NVarChar, 50),
    newSqlParameter("@BasicSalary", SqlDbType.Decimal, 9),
    newSqlParameter("@PostSalary", SqlDbType.Decimal, 9),
    newSqlParameter("@Allowance", SqlDbType.Decimal, 9),
    newSqlParameter("@Bouns", SqlDbType.Decimal, 9),
    newSqlParameter("@OtherAdd", SqlDbType.Decimal, 9),
    newSqlParameter("@OtherSubtract", SqlDbType.Decimal, 9),
    newSqlParameter("@FinalPay", SqlDbType.Decimal, 9),
    newSqlParameter("@TotalPay", SqlDbType.Decimal, 9),
    newSqlParameter("@SalayMonth", SqlDbType.NVarChar, 50),
    newSqlParameter("@Remarks", SqlDbType.NVarChar, -1),
    newSqlParameter("@SalaryID", SqlDbType.Int, 4)};
parameters[0].Value = model.EmployeeID;
parameters[1].Value = model.BasicSalary;
parameters[2].Value = model.PostSalary;
parameters[3].Value = model.Allowance;
parameters[4].Value = model.Bouns;
parameters[5].Value = model.OtherAdd;
parameters[6].Value = model.OtherSubtract;
parameters[7].Value = model.FinalPay;
parameters[8].Value = model.TotalPay;
parameters[9].Value = model.SalayMonth;
parameters[10].Value = model.Remarks;
parameters[11].Value = model.SalaryID;

int rows = DbHelperSQL.ExecuteSql(strSql.ToString(), parameters);
if (rows > 0)
{
    return true;
}
else
{
    return false;
}
```

```csharp
    }

    /// <summary>
    /// 删除一条数据
    /// </summary>
    public bool Delete(int SalaryID)
    {

        StringBuilder strSql = newStringBuilder();
        strSql.Append("delete from Salary");
        strSql.Append(" where SalaryID = @SalaryID");
        SqlParameter[] parameters = {
            newSqlParameter("@SalaryID",SqlDbType.Int,4)
        };
        parameters[0].Value = SalaryID;

        int rows = DbHelperSQL.ExecuteSql(strSql.ToString(), parameters);
        if (rows > 0)
        {
            return true;
        }
        else
        {
            return false;
        }
    }

    /// <summary>
    /// 得到一个对象实体
    /// </summary>
    public Model.Salary GetModel(int SalaryID)
    {

        StringBuilder strSql = newStringBuilder();
        strSql.Append("select top 1 SalaryID, EmployeeID, BasicSalary, PostSalary, Allowance, Bouns, OtherAdd, OtherSubtract, FinalPay, TotalPay, SalayMonth, Remarks from Salary");
        strSql.Append(" where SalaryID = @SalaryID");
        SqlParameter[] parameters = {
            newSqlParameter("@SalaryID",SqlDbType.Int,4)
        };
        parameters[0].Value = SalaryID;

        Model.Salary model = new Model.Salary();
```

```csharp
            DataSet ds = DbHelperSQL.Query(strSql.ToString(), parameters);
            if (ds.Tables[0].Rows.Count > 0)
            {
                return DataRowToModel(ds.Tables[0].Rows[0]);
            }
            else
            {
                return null;
            }
        }

        /// <summary>
        /// 得到一个对象实体
        /// </summary>
        public Model.Salary DataRowToModel(DataRow row)
        {
            Model.Salary model = new Model.Salary();
            if (row != null)
            {
                if (row["SalaryID"] != null && row["SalaryID"].ToString() != "")
                {
                    model.SalaryID = int.Parse(row["SalaryID"].ToString());
                }
                if (row["EmployeeID"] != null)
                {
                    model.EmployeeID = row["EmployeeID"].ToString();
                }
                if (row["BasicSalary"] != null && row["BasicSalary"].ToString() != "")
                {
                    model.BasicSalary = decimal.Parse(row["BasicSalary"].ToString());
                }
                if (row["PostSalary"] != null && row["PostSalary"].ToString() != "")
                {
                    model.PostSalary = decimal.Parse(row["PostSalary"].ToString());
                }
                if (row["Allowance"] != null && row["Allowance"].ToString() != "")
                {
                    model.Allowance = decimal.Parse(row["Allowance"].ToString());
                }
                if (row["Bouns"] != null && row["Bouns"].ToString() != "")
                {
                    model.Bouns = decimal.Parse(row["Bouns"].ToString());
                }
```

```csharp
            if (row["OtherAdd"] != null && row["OtherAdd"].ToString() != "")
            {
                model.OtherAdd = decimal.Parse(row["OtherAdd"].ToString());
            }
            if (row["OtherSubtract"] != null && row["OtherSubtract"].ToString() != "")
            {
                model.OtherSubtract = decimal.Parse(row["OtherSubtract"].ToString());
            }
            if (row["FinalPay"] != null && row["FinalPay"].ToString() != "")
            {
                model.FinalPay = decimal.Parse(row["FinalPay"].ToString());
            }
            if (row["TotalPay"] != null && row["TotalPay"].ToString() != "")
            {
                model.TotalPay = decimal.Parse(row["TotalPay"].ToString());
            }
            if (row["SalayMonth"] != null)
            {
                model.SalayMonth = row["SalayMonth"].ToString();
            }
            if (row["Remarks"] != null)
            {
                model.Remarks = row["Remarks"].ToString();
            }
        }
        return model;
    }

    /// <summary>
    /// 获得数据列表
    /// </summary>
    public DataSet GetList(string strWhere)
    {
        StringBuilder strSql = new StringBuilder();
        strSql.Append("select SalaryID, EmployeeID, BasicSalary, PostSalary, Allowance, Bouns, OtherAdd, OtherSubtract, FinalPay, TotalPay, SalayMonth, Remarks");
        strSql.Append(" FROM Salary");
        if (strWhere.Trim() != "")
        {
            strSql.Append(" where " + strWhere);
        }
        return DbHelperSQL.Query(strSql.ToString());
    }
```

```
/// <summary>
/// 获得数据列表,无参数
/// </summary>
publicDataSet GetList()
{
    StringBuilder strSql = newStringBuilder();
    strSql.Append("select SalaryID, EmployeeID, BasicSalary, PostSalary, Allowance, Bouns, OtherAdd, OtherSubtract, FinalPay, TotalPay, SalayMonth, Remarks");
    strSql.Append(" FROM Salary");
    returnDbHelperSQL.Query(strSql.ToString());
}
}
```

分析：

1. 编写的方法

(1) Add()：增加一条数据。

(2) Update()：更新一条数据。

(3) Delete()：删除一条数据。

(4) GetModel()：得到一个对象实体。

(5) DataRowToModel()：将 DataRow 对象中的数据组合成一个对象实体。

(6) GetList (string strWhere)：传递查询条件，获得数据列表。

(7) GetList()：不传递查询条件，获得数据列表。

2. 关键代码

(1) object obj = DbHelperSQL.GetSingle (strSql.ToString(), parameters);//调用 GetSingle 方法，执行插入语句。

(2) int rows=DbHelperSQL.ExecuteSql (strSql.ToString(), parameters);//执行修改和删除语句后，返还影响的行数。

(3) DataSet ds = DbHelperSQL.Query (strSql.ToString(), parameters);//执行查询语句，返回 ds。

(4) return DataRowToModel (ds.Tables [0].Rows [0]);//调用 DataRowToModel() 方法，返还一个实体。

(5) return model;//返还一个实体。

(6) return DbHelperSQL.Query (strSql.ToString());//执行查询语句，填充数据到 ds 中。

3. BLL 层代码

```
using System;
using System.Collections.Generic;
using System.Linq;
```

```csharp
using System.Text;
using System.Data;
using Model;

namespace BLL
{
    public partial class Salary
    {
        private readonly DAL.Salary dal = new DAL.Salary();

        /// <summary>
        /// 增加一条数据
        /// </summary>
        public int Add(Model.Salary model)
        {
            return dal.Add(model);
        }

        /// <summary>
        /// 更新一条数据
        /// </summary>
        public bool Update(Model.Salary model)
        {
            return dal.Update(model);
        }

        /// <summary>
        /// 删除一条数据
        /// </summary>
        public bool Delete(int SalaryID)
        {
            return dal.Delete(SalaryID);
        }

        /// <summary>
        /// 得到一个对象实体
        /// </summary>
        public Model.Salary GetModel(int SalaryID)
        {
            return dal.GetModel(SalaryID);
        }

        /// <summary>
```

```csharp
/// 获得数据列表
/// </summary>
public DataSet GetList(string strWhere)
{
    return dal.GetList(strWhere);
}

/// <summary>
/// 获得数据列表,无参数
/// </summary>
public DataSet GetList()
{
    return dal.GetList();
}
    }
}
```

分析:

1. 编写的方法

(1) Add(): 增加一条数据。

(2) Update(): 更新一条数据。

(3) Delete(): 删除一条数据。

(4) GetModel(): 得到一个对象实体。

(5) GetList (string strWhere): 传递查询条件, 获得数据列表。

(6) GetList(): 不传递查询条件, 获得数据列表。

2. 关键代码

(1) return dal. Add (model);//执行增加一条数据命令。

(2) return dal. Update (model);//执行更新一条数据命令。

(3) return dal. Delete (SalaryID);//执行删除一条数据命令。

(4) return dal. GetModel (SalaryID);//通过工资编号, 返还实体。

(5) return dal. GetList (strWhere);//执行查询语句, 填充数据到 ds 中。

(6) return dal. GetList();//执行查询语句, 填充数据到 ds 中。

4. 编写窗体代码

```csharp
using System;
using System.Collections.Generic;
using System.ComponentModel;
using System.Data;
using System.Drawing;
using System.Linq;
using System.Text;
```

```csharp
using System.Windows.Forms;

namespace HRManage
{
    public partial class SalaryAdd : Form
    {
        public SalaryAdd()
        {
            InitializeComponent();
        }

        private void btnAdd_Click(object sender, EventArgs e)
        {
            string strErr = "";
            if (txtEmployeeID.Text.Trim().Length == 0)
            {
                strErr += "员工编号不能为空!\\n";
            }
            if (txtBasicSalary.Text.Trim().Length == 0)
            {
                strErr += "基本工资不能为空!\\n";
            }
            if (txtPostSalary.Text.Trim().Length == 0)
            {
                strErr += "岗位工资不能为空!\\n";
            }
            if (txtFinalPay.Text.Trim().Length == 0)
            {
                strErr += "实发工资不能为空!\\n";
            }
            if (txtTotalPay.Text.Trim().Length == 0)
            {
                strErr += "应得工资不能为空!\\n";
            }
            if (dtpSalayMonth.Text.Trim().Length == 0)
            {
                strErr += "发放日期不能为空!\\n";
            }

            if (strErr != "")
            {
                MessageBox.Show(this, strErr);
                return;
```

```csharp
            }
            string employeeID = txtEmployeeID.Text;
            decimal basicSalary = decimal.Parse(txtBasicSalary.Text);
            decimal postSalary = decimal.Parse(txtPostSalary.Text);
            decimal allowance = decimal.Parse(txtAllowance.Text);
            decimal bouns = decimal.Parse(txtBouns.Text);
            decimal otherAdd = decimal.Parse(txtOtherAdd.Text);
            decimal otherSubtract = decimal.Parse(txtOtherSubtract.Text);
            decimal finalPay = decimal.Parse(txtFinalPay.Text);
            decimal totalPay = decimal.Parse(txtTotalPay.Text);
            string salayMonth = dtpSalayMonth.Text;
            string remarks = txtRemarks.Text;

            Model.Salary model = new Model.Salary();//实例化 Model 层
            model.EmployeeID = employeeID;
            model.BasicSalary = basicSalary;
            model.PostSalary = postSalary;
            model.Allowance = allowance;
            model.Bouns = bouns;
            model.OtherAdd = otherAdd;
            model.OtherSubtract = otherSubtract;
            model.FinalPay = finalPay;
            model.TotalPay = totalPay;
            model.SalayMonth = salayMonth;
            model.Remarks = remarks;

            BLL.Salary bll = new BLL.Salary();//实例化 BLL 层

            if (bll.Add(model) > 0)//将工资信息添加到数据库中,根据影响的行数判断是否添加成功
            {
                MessageBox.Show("数据添加成功");
            }
            else
            {
                MessageBox.Show("数据添加失败");
            }
        }
        public void DataBind()//定义一个函数用于绑定数据到 DataGridView
        {
            BLL.Employee bll = new BLL.Employee();//实例化 BLL 层
            DataSet ds = newDataSet();
            ds = bll.GetList();//执行 SQL 语句,将结果存在 ds 中
```

```csharp
            dgvEmployeeInfo.DataSource = ds.Tables[0];//将 ds 中的表作为 DataGridView 的数据源
        }

        private void SalaryAdd_Load(object sender, EventArgs e)
        {
            DataBind();//窗体登录时绑定数据到 DataGridView
        }

        private void dgvEmployeeInfo_CellClick(object sender, DataGridViewCellEventArgs e)
        {
            txtEmployeeID.Text = dgvEmployeeInfo.CurrentCell.OwningRow.Cells[0].Value.ToString();
            txtEmplyeeName.Text = dgvEmployeeInfo.CurrentCell.OwningRow.Cells[1].Value.ToString();
        }

        private void btnReset_Click(object sender, EventArgs e)
        {
            txtEmployeeID.Text = "";
            txtBasicSalary.Text = "";
            txtPostSalary.Text = "";
            txtAllowance.Text = "";
            txtBouns.Text = "";
            txtOtherAdd.Text = "";
            txtOtherSubtract.Text = "";
            txtFinalPay.Text = "";
            txtTotalPay.Text = "";
            txtRemarks.Text = "";
        }
    }
}
```

分析：

1. 调用 BLL 层的方法

(1) Add()：添加数据。

(2) GetList()：执行 SQL 语句，将结果存在 ds 中。

2. 关键代码

(1) Model.Salary model = new Model.Salary();//实例化 Model 层。

(2) BLL.Salary bll = new BLL.Salary();//实例化 BLL 层。

(3) if (bll.Add (model) > 0) //将工资信息添加到数据库中，根据影响的行数判断是否添加成功；

(4) ds = bll.GetList();//执行 SQL 语句，将结果存在 ds 中。

3. 已完成工作
(1) 窗体控件属性设置。
(2) 工资信息的添加功能。
(3) 重置功能。

4. 待完善工作
(1) 文本框的输入规范检查。
(2) 异常处理。
(3) 将 DataGridView 的列标题显示为中文，代码如何修改？

5.4.10 管理工资功能模块设计

管理工资界面如图 5-63 所示。该界面的作用是管理工资信息。

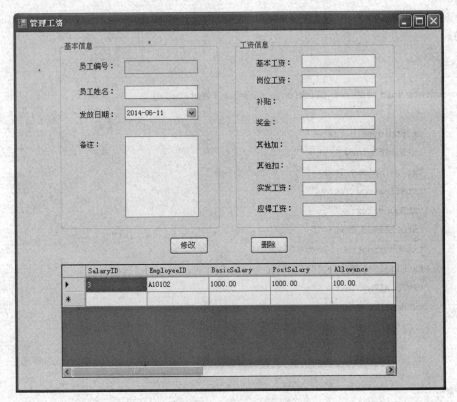

图 5-63 管理工资界面

1. 设计界面

管理工资界面使用控件比较多，表 5-18 列出了主要控件的属性设置。

表 5-18 主要控件属性

控件类型	控件名称	主要属性设置	用途
TextBox	txtEmployeeID	Text 设置为空	输入员工编号
	txtEmplyeeName	Text 设置为空	输入员工姓名
	txtRemarks	Text 设置为空	输入备注
	txtBasicSalary	Text 设置为空	输入基本工资

续表

控件类型	控件名称	主要属性设置	用途
TextBox	txtPostSalary	Text 设置为空	输入岗位工资
	txtAllowance	Text 设置为空	输入补贴
	txtBouns	Text 设置为空	输入奖金
	txtOtherAdd	Text 设置为空	输入其他加薪
	txtOtherSubtract	Text 设置为空	输入其他扣薪
	txtFinalPay	Text 设置为空	输入实发工资
	txtTotalPay	Text 设置为空	输入应得工资
DateTimePicker	dtpSalayMonth		显示发放日期
Button	btnUpdate	Text 设置为"修改"	修改
	btnDelete	Text 设置为"删除"	删除
DataGridView	dgvSalaryInfo	Size 设置为 "545，179"	显示工资信息

2. 编写窗体代码

```csharp
using System;
using System.Collections.Generic;
using System.ComponentModel;
using System.Data;
using System.Drawing;
using System.Linq;
using System.Text;
using System.Windows.Forms;

namespace HRManage
{
    public partial class SalaryManage : Form
    {
        public SalaryManage()
        {
            InitializeComponent();
        }
        int salaryID;
        private void SalaryManage_Load(object sender, EventArgs e)
        {
            DataBind();//窗体登录时绑定数据到 DataGridView
        }
        public void DataBind()//定义一个函数用于绑定数据到 DataGridView
        {
```

```csharp
            BLL.Salary bll = new BLL.Salary();//实例化 BLL 层
            DataSet ds = newDataSet();
            ds = bll.GetList();//执行 SQL 语句,将结果存在 ds 中
            dgvSalaryInfo.DataSource = ds.Tables[0];//将 ds 中的表作为 DataGridView 的数据源
        }
        private void dgvSalaryInfo_CellClick(object sender,DataGridViewCellEventArgs e)
        {
            salaryID = int.Parse(dgvSalaryInfo.CurrentCell.OwningRow.Cells[0].Value.ToString());//获取工资编号
            txtEmployeeID.Text = dgvSalaryInfo.CurrentCell.OwningRow.Cells[1].Value.ToString();
            txtBasicSalary.Text = dgvSalaryInfo.CurrentCell.OwningRow.Cells[2].Value.ToString();
            txtPostSalary.Text = dgvSalaryInfo.CurrentCell.OwningRow.Cells[3].Value.ToString();
            txtAllowance.Text = dgvSalaryInfo.CurrentCell.OwningRow.Cells[4].Value.ToString();
            txtBouns.Text = dgvSalaryInfo.CurrentCell.OwningRow.Cells[5].Value.ToString();
            txtOtherAdd.Text = dgvSalaryInfo.CurrentCell.OwningRow.Cells[6].Value.ToString();
            txtOtherSubtract.Text = dgvSalaryInfo.CurrentCell.OwningRow.Cells[7].Value.ToString();
            txtFinalPay.Text = dgvSalaryInfo.CurrentCell.OwningRow.Cells[8].Value.ToString();
            txtTotalPay.Text = dgvSalaryInfo.CurrentCell.OwningRow.Cells[9].Value.ToString();
            dtpSalayMonth.Text = dgvSalaryInfo.CurrentCell.OwningRow.Cells[10].Value.ToString();
            txtRemarks.Text = dgvSalaryInfo.CurrentCell.OwningRow.Cells[11].Value.ToString();
        }

        private void btnUpdate_Click(object sender,EventArgs e)
        {
            string strErr = "";
            if (txtEmployeeID.Text.Trim().Length == 0)
            {
                strErr += "员工编号不能为空!\\n";
            }
            if (txtBasicSalary.Text.Trim().Length == 0)
            {
                strErr += "基本工资不能为空!\\n";
            }
            if (txtPostSalary.Text.Trim().Length == 0)
            {
                strErr += "岗位工资不能为空!\\n";
            }
            if (txtFinalPay.Text.Trim().Length == 0)
```

```csharp
{
    strErr + = "实发工资不能为空!\\n";
}
if (txtTotalPay.Text.Trim().Length = = 0)
{
    strErr + = "应得工资不能为空!\\n";
}
if (dtpSalayMonth.Text.Trim().Length = = 0)
{
    strErr + = "发放日期不能为空!\\n";
}

if (strErr ! = "")
{
    MessageBox.Show(this, strErr);
    return;
}
string employeeID = txtEmployeeID.Text;
decimal basicSalary = decimal.Parse(txtBasicSalary.Text);
decimal postSalary = decimal.Parse(txtPostSalary.Text);
decimal allowance = decimal.Parse(txtAllowance.Text);
decimal bouns = decimal.Parse(txtBouns.Text);
decimal otherAdd = decimal.Parse(txtOtherAdd.Text);
decimal otherSubtract = decimal.Parse(txtOtherSubtract.Text);
decimal finalPay = decimal.Parse(txtFinalPay.Text);
decimal totalPay = decimal.Parse(txtTotalPay.Text);
string salayMonth = dtpSalayMonth.Text;
string remarks = txtRemarks.Text;

Model.Salary model = new Model.Salary();  //实例化 Model 层
model.SalaryID = salaryID;  //salaryID 值从 dgvSalaryInfo 的 CellClick 事件取得
model.EmployeeID = employeeID;
model.BasicSalary = basicSalary;
model.PostSalary = postSalary;
model.Allowance = allowance;
model.Bouns = bouns;
model.OtherAdd = otherAdd;
model.OtherSubtract = otherSubtract;
model.FinalPay = finalPay;
model.TotalPay = totalPay;
model.SalayMonth = salayMonth;
model.Remarks = remarks;
```

```csharp
        BLL.Salary bll = new BLL.Salary();//实例化 BLL 层

        if (bll.Update(model) == true)//根据返回布尔值判断是否修改数据成功
        {
            MessageBox.Show("工资信息修改成功");
            DataBind();//刷新 DataGridView 数据
        }
        else
        {
            MessageBox.Show("工资信息修改失败");
        }
    }

    private void btnDelete_Click(object sender, EventArgs e)
    {
        BLL.Salary bll = new BLL.Salary();//实例化 BLL 层
        if (bll.Delete(salaryID) == true)//根据返回布尔值判断是否删除数据成功
        {
            MessageBox.Show("工资信息删除成功!","成功提示", MessageBoxButtons.OK, MessageBoxIcon.Information);
            DataBind();//刷新 DataGridView 数据
        }
        else
        {
            MessageBox.Show("工资信息删除失败!","错误提示", MessageBoxButtons.OK, MessageBoxIcon.Error);
        }
    }
}
```

分析：

1. 调用 BLL 层的方法

(1) Update()：修改数据。

(2) Delete()：删除数据。

(3) GetList()：执行 SQL 语句，将结果存在 ds 中。

2. 关键代码

(1) int salaryID;定义工资编号。

(2) BLL.Salary bll = new BLL.Salary();//实例化 BLL 层。

(3) ds = bll.GetList();//执行 SQL 语句，将结果存在 ds 中。

(4) Model.Salary model = new Model.Salary();//实例化 Model 层。

(5) model.SalaryID = salaryID; //salaryID 值从 dgvSalaryInfo 的 CellClick 事件

取得。

(6) if (bll.Update (model) == true) //根据返回布尔值判断是否修改数据成功。

(7) if (bll.Delete (salaryID) == true) //根据返回布尔值判断是否删除数据成功。

(8) DataBind();//刷新 DataGridView 数据。

(9) salaryID = int.Parse (dgvSalaryInfo.CurrentCell.OwningRow.Cells [0].Value.ToString());//获取工资编号。

3. 已完成工作

(1) 窗体控件属性设置。

(2) 修改工资信息功能。

(3) 删除工资信息功能。

4. 待完善工作

(1) 文本框的输入规范检查。

(2) 异常处理。

(3) 没有在控件 dgvSalaryInfo 中选择工资信息时，单击"删除"按钮会报错，代码如何修改？

(4) 将 DataGridView 的列标题显示为中文，代码如何修改？

5.4.11 添加考核功能模块设计

添加考核界面如图 5-64 所示。该界面的作用是添加考核信息。

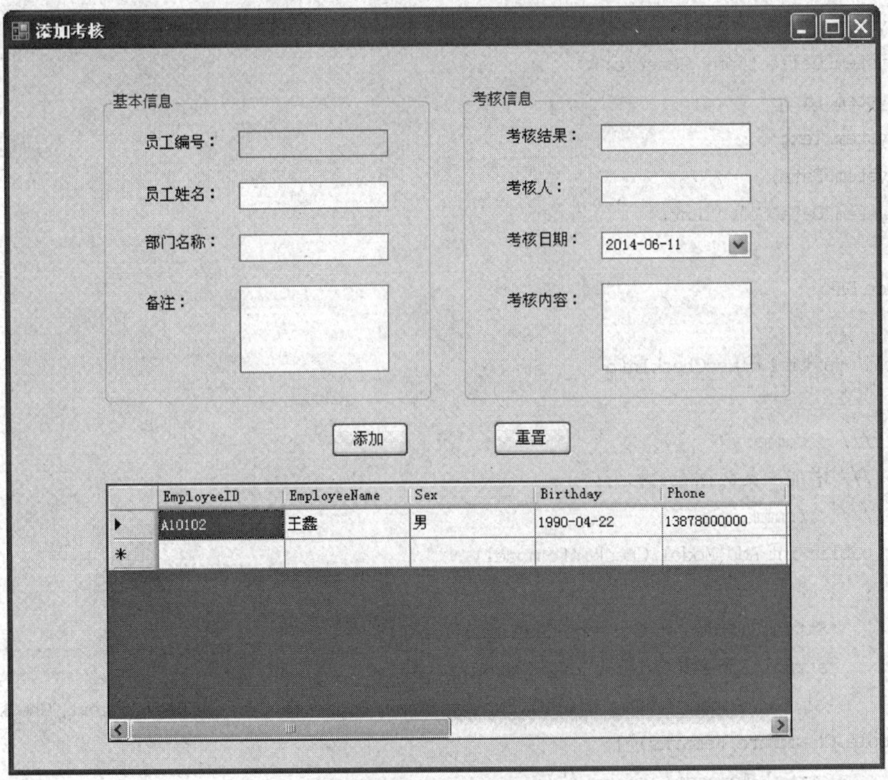

图 5-64 添加考核界面

1. 设计界面

添加考核界面使用控件比较多，表 5-19 列出了主要控件的属性设置。

表 5-19 主要控件属性

控件类型	控件名称	主要属性设置	用途
TextBox	txtEmployeeID	Text 设置为空	输入员工编号
	txtEmplyeeName	Text 设置为空	输入员工姓名
	txtDepartmentName	Text 设置为空	输入部门名称
	txtRemarks	Text 设置为空	输入备注
	txtCheckResult	Text 设置为空	输入考核结果
	txtCheckPeople	Text 设置为空	输入考核人
	txtCheckContent	Text 设置为空	输入考核内容
DateTimePicker	dtpCheckDate		显示考核日期
Button	btnAdd	Text 设置为 "添加"	添加
	btnReset	Text 设置为 "重置"	重置
DataGridView	dgvEmployeeInfo	Size 设置为 "545，179"	显示员工信息

2. DAL 层代码

```csharp
using System;
using System.Collections.Generic;
using System.Linq;
using System.Text;
using System.Data;
using System.Data.SqlClient;

namespace DAL
{
    public partial class CheckInfo
    {
        /// <summary>
        /// 增加一条数据
        /// </summary>
        public int Add(Model.CheckInfo model)
        {
            StringBuilder strSql = new StringBuilder();
            strSql.Append("insert into CheckInfo(");
            strSql.Append("EmployeeID, EmployeeName, DepartmentName, CheckContent, CheckResult, CheckPeople, CheckDate, Remarks)");
            strSql.Append(" values (");
            strSql.Append("@EmployeeID, @EmployeeName, @DepartmentName, @CheckContent, @
```

```
                CheckResult,@CheckPeople,@CheckDate,@Remarks)");
            strSql.Append(";select @@IDENTITY");
            SqlParameter[] parameters = {
                    newSqlParameter("@EmployeeID",SqlDbType.NVarChar,50),
                    newSqlParameter("@EmployeeName",SqlDbType.NVarChar,50),
                    newSqlParameter("@DepartmentName",SqlDbType.NVarChar,50),
                    newSqlParameter("@CheckContent",SqlDbType.NVarChar,50),
                    newSqlParameter("@CheckResult",SqlDbType.NVarChar,50),
                    newSqlParameter("@CheckPeople",SqlDbType.NVarChar,50),
                    newSqlParameter("@CheckDate",SqlDbType.DateTime),
                    newSqlParameter("@Remarks",SqlDbType.NVarChar,-1)};
            parameters[0].Value = model.EmployeeID;
            parameters[1].Value = model.EmployeeName;
            parameters[2].Value = model.DepartmentName;
            parameters[3].Value = model.CheckContent;
            parameters[4].Value = model.CheckResult;
            parameters[5].Value = model.CheckPeople;
            parameters[6].Value = model.CheckDate;
            parameters[7].Value = model.Remarks;

            object obj = DbHelperSQL.GetSingle(strSql.ToString(), parameters);
            if (obj == null)
            {
                return 0;
            }
            else
            {
                returnConvert.ToInt32(obj);
            }
        }
        /// <summary>
        /// 更新一条数据
        /// </summary>
        public bool Update(Model.CheckInfo model)
        {
            StringBuilder strSql = newStringBuilder();
            strSql.Append("update CheckInfo set");
            strSql.Append("EmployeeID=@EmployeeID,");
            strSql.Append("EmployeeName=@EmployeeName,");
            strSql.Append("DepartmentName=@DepartmentName,");
            strSql.Append("CheckContent=@CheckContent,");
            strSql.Append("CheckResult=@CheckResult,");
            strSql.Append("CheckPeople=@CheckPeople,");
```

```csharp
        strSql.Append("CheckDate = @CheckDate,");
        strSql.Append("Remarks = @Remarks");
        strSql.Append(" where CheckID = @CheckID");
        SqlParameter[] parameters = {
                new SqlParameter("@EmployeeID", SqlDbType.NVarChar, 50),
                new SqlParameter("@EmployeeName", SqlDbType.NVarChar, 50),
                new SqlParameter("@DepartmentName", SqlDbType.NVarChar, 50),
                new SqlParameter("@CheckContent", SqlDbType.NVarChar, 50),
                new SqlParameter("@CheckResult", SqlDbType.NVarChar, 50),
                new SqlParameter("@CheckPeople", SqlDbType.NVarChar, 50),
                new SqlParameter("@CheckDate", SqlDbType.DateTime),
                new SqlParameter("@Remarks", SqlDbType.NVarChar, -1),
                new SqlParameter("@CheckID", SqlDbType.Int, 4)};
        parameters[0].Value = model.EmployeeID;
        parameters[1].Value = model.EmployeeName;
        parameters[2].Value = model.DepartmentName;
        parameters[3].Value = model.CheckContent;
        parameters[4].Value = model.CheckResult;
        parameters[5].Value = model.CheckPeople;
        parameters[6].Value = model.CheckDate;
        parameters[7].Value = model.Remarks;
        parameters[8].Value = model.CheckID;

        int rows = DbHelperSQL.ExecuteSql(strSql.ToString(), parameters);
        if (rows > 0)
        {
            return true;
        }
        else
        {
            return false;
        }
    }

    /// <summary>
    /// 删除一条数据
    /// </summary>
    public bool Delete(int CheckID)
    {

        StringBuilder strSql = new StringBuilder();
        strSql.Append("delete from CheckInfo");
        strSql.Append(" where CheckID = @CheckID");
```

```csharp
    SqlParameter[] parameters = {
        newSqlParameter("@CheckID",SqlDbType.Int,4)
    };
parameters[0].Value = CheckID;

int rows = DbHelperSQL.ExecuteSql(strSql.ToString(), parameters);
if (rows > 0)
{
    return true;
}
else
{
    return false;
}
}

/// <summary>
/// 得到一个对象实体
/// </summary>
public Model.CheckInfo GetModel(int CheckID)
{

    StringBuilder strSql = newStringBuilder();
    strSql.Append("select top 1 CheckID,EmployeeID,EmployeeName,DepartmentName,CheckContent,CheckResult,CheckPeople,CheckDate,Remarks from CheckInfo");
    strSql.Append(" where CheckID = @CheckID");
    SqlParameter[] parameters = {
        newSqlParameter("@CheckID",SqlDbType.Int,4)
    };
    parameters[0].Value = CheckID;

    Model.CheckInfo model = new Model.CheckInfo();
    DataSet ds = DbHelperSQL.Query(strSql.ToString(), parameters);
    if (ds.Tables[0].Rows.Count > 0)
    {
        return DataRowToModel(ds.Tables[0].Rows[0]);
    }
    else
    {
        return null;
    }
}
```

```csharp
/// <summary>
/// 得到一个对象实体
/// </summary>
public Model.CheckInfo DataRowToModel(DataRow row)
{
    Model.CheckInfo model = new Model.CheckInfo();
    if (row != null)
    {
        if (row["CheckID"] != null && row["CheckID"].ToString() != "")
        {
            model.CheckID = int.Parse(row["CheckID"].ToString());
        }
        if (row["EmployeeID"] != null)
        {
            model.EmployeeID = row["EmployeeID"].ToString();
        }
        if (row["EmployeeName"] != null)
        {
            model.EmployeeName = row["EmployeeName"].ToString();
        }
        if (row["DepartmentName"] != null)
        {
            model.DepartmentName = row["DepartmentName"].ToString();
        }
        if (row["CheckContent"] != null)
        {
            model.CheckContent = row["CheckContent"].ToString();
        }
        if (row["CheckResult"] != null)
        {
            model.CheckResult = row["CheckResult"].ToString();
        }
        if (row["CheckPeople"] != null)
        {
            model.CheckPeople = row["CheckPeople"].ToString();
        }
        if (row["CheckDate"] != null && row["CheckDate"].ToString() != "")
        {
            model.CheckDate = DateTime.Parse(row["CheckDate"].ToString());
        }
        if (row["Remarks"] != null)
        {
            model.Remarks = row["Remarks"].ToString();
```

            }
        }
        return model;
    }

    /// <summary>
    /// 获得数据列表
    /// </summary>
    public DataSet GetList(string strWhere)
    {
        StringBuilder strSql = new StringBuilder();
        strSql.Append("select CheckID, EmployeeID, EmployeeName, DepartmentName, CheckContent, CheckResult, CheckPeople, CheckDate, Remarks");
        strSql.Append(" FROM CheckInfo");
        if (strWhere.Trim() != "")
        {
            strSql.Append(" where " + strWhere);
        }
        return DbHelperSQL.Query(strSql.ToString());
    }

    /// <summary>
    /// 获得数据列表,无参数
    /// </summary>
    public DataSet GetList()
    {
        StringBuilder strSql = new StringBuilder();
        strSql.Append("select CheckID, EmployeeID, EmployeeName, DepartmentName, CheckContent, CheckResult, CheckPeople, CheckDate, Remarks");
        strSql.Append(" FROM CheckInfo");
        return DbHelperSQL.Query(strSql.ToString());
    }
}
```

**分析：**

1. 编写的方法

（1）Add()：增加一条数据。

（2）Update()：更新一条数据。

（3）Delete()：删除一条数据。

（4）GetModel()：得到一个对象实体。

（5）DataRowToModel()：将 DataRow 对象中的数据组合成一个对象实体。

（6）GetList（string strWhere）：传递查询条件，获得数据列表。
```

（7）GetList()：不传递查询条件，获得数据列表。

2. 关键代码

（1）object obj = DbHelperSQL.GetSingle（strSql.ToString()，parameters);//调用 GetSingle 方法，执行插入语句。

（2）int rows=DbHelperSQL.ExecuteSql（strSql.ToString()，parameters);//执行修改和删除语句后，返还影响的行数。

（3）DataSet ds = DbHelperSQL.Query（strSql.ToString()，parameters);//执行查询语句，返回 ds。

（4）return DataRowToModel（ds.Tables[0].Rows[0]);//调用 DataRowToModel() 方法，返还一个实体。

（5）return model;//返还一个实体。

（6）return DbHelperSQL.Query（strSql.ToString());//执行查询语句，填充数据到 ds 中。

3. BLL 层代码

```
using System;
using System.Collections.Generic;
using System.Linq;
using System.Text;
using System.Data;
using Model;

namespace BLL
{
    public partial class CheckInfo
    {
        private readonly DAL.CheckInfo dal = new DAL.CheckInfo();

        /// <summary>
        /// 增加一条数据
        /// </summary>
        public int Add(Model.CheckInfo model)
        {
            return dal.Add(model);
        }

        /// <summary>
        /// 更新一条数据
        /// </summary>
        public bool Update(Model.CheckInfo model)
        {
```

```csharp
        return dal.Update(model);
    }

    /// <summary>
    /// 删除一条数据
    /// </summary>
    public bool Delete(int CheckID)
    {

        return dal.Delete(CheckID);
    }

    /// <summary>
    /// 得到一个对象实体
    /// </summary>
    public Model.CheckInfo GetModel(int CheckID)
    {

        return dal.GetModel(CheckID);
    }

    /// <summary>
    /// 获得数据列表
    /// </summary>
    publicDataSet GetList(string strWhere)
    {
        return dal.GetList(strWhere);
    }

    /// <summary>
    /// 获得数据列表,无参数
    /// </summary>
    publicDataSet GetList()
    {
        return dal.GetList();
    }
}
}
```

分析：

1. 编写的方法

(1) Add()：增加一条数据。

(2) Update()：更新一条数据。

(3) Delete():删除一条数据。
(4) GetModel():得到一个对象实体。
(5) GetList (string strWhere):传递查询条件,获得数据列表。
(6) GetList():不传递查询条件,获得数据列表。

2. 关键代码

(1) return dal.Add (model);//执行增加一条数据命令。
(2) return dal.Update (model);//执行更新一条数据命令。
(3) return dal.Delete (CheckID);//执行删除一条数据命令。
(4) return dal.GetModel (CheckID);//通过考核编号,返还实体。
(5) return dal.GetList (strWhere);//执行查询语句,填充数据到 ds 中。
(6) return dal.GetList();//执行查询语句,填充数据到 ds 中。

4. 编写窗体代码

```
using System;
using System.Collections.Generic;
using System.ComponentModel;
using System.Data;
using System.Drawing;
using System.Linq;
using System.Text;
using System.Windows.Forms;
using BLL;
using Model;

namespace HRManage
{
    public partial classCheckAdd : Form
    {
        public CheckAdd()
        {
            InitializeComponent();
        }

        private void btnAdd_Click(object sender, EventArgs e)
        {
            string strErr = "";
            if (txtEmployeeID.Text.Trim().Length = = 0)
            {
                strErr + = "员工编号不能为空!\\n";
            }
            if (txtEmployeeName.Text.Trim().Length = = 0)
```

```csharp
        {
            strErr + = "员工姓名不能为空!\\n";
        }
        if (txtDepartmentName.Text.Trim().Length = = 0)
        {
            strErr + = "部门名称不能为空!\\n";
        }
        if (txtCheckContent.Text.Trim().Length = = 0)
        {
            strErr + = "考核内容不能为空!\\n";
        }
        if (txtCheckResult.Text.Trim().Length = = 0)
        {
            strErr + = "考核结果不能为空!\\n";
        }
        if (txtCheckPeople.Text.Trim().Length = = 0)
        {
            strErr + = "考核人不能为空!\\n";
        }
        if (dtpCheckDate.Text.Trim().Length = = 0)
        {
            strErr + = "考核日期不能为空!\\n";
        }

        if (strErr ! = "")
        {
            MessageBox.Show(this, strErr);
            return;
        }
        string EmployeeID = txtEmployeeID.Text;
        string EmployeeName = txtEmployeeName.Text;
        string DepartmentName = txtDepartmentName.Text;
        string CheckContent = txtCheckContent.Text;
        string CheckResult = txtCheckResult.Text;
        string CheckPeople = txtCheckPeople.Text;
        DateTime CheckDate = DateTime.Parse(dtpCheckDate.Text);
        string Remarks = txtRemarks.Text;

        Model.CheckInfo model = new Model.CheckInfo();//实例化 Model 层
        model.EmployeeID = EmployeeID;
        model.EmployeeName = EmployeeName;
        model.DepartmentName = DepartmentName;
        model.CheckContent = CheckContent;
```

```csharp
            model.CheckResult = CheckResult;
            model.CheckPeople = CheckPeople;
            model.CheckDate = CheckDate;
            model.Remarks = Remarks;
            BLL.CheckInfo bll = new BLL.CheckInfo();//实例化BLL层

            if (bll.Add(model) > 0)//将考核信息添加到数据库中,根据影响的行数判断是否添加成功
            {
                MessageBox.Show("数据添加成功");
            }
            else
            {
                MessageBox.Show("数据添加失败");
            }
        }

        private void CheckAdd_Load(object sender, EventArgs e)
        {
            DataBind();//窗体登录时绑定数据到DataGridView
        }
        public void DataBind()//定义一个函数用于绑定数据到DataGridView
        {
            BLL.Employee bll = new BLL.Employee();//实例化BLL层
            DataSet ds = newDataSet();
            ds = bll.GetList();//执行SQL语句,将结果存在ds中
            dgvEmployeeInfo.DataSource = ds.Tables[0];//将ds中的表作为DataGridView的数据源
        }

        private void dgvEmployeeInfo_CellClick(object sender, DataGridViewCellEventArgs e)
        {
            string strWhere;
            txtEmployeeID.Text = dgvEmployeeInfo.CurrentCell.OwningRow.Cells[0].Value.ToString();
            txtEmployeeName.Text = dgvEmployeeInfo.CurrentCell.OwningRow.Cells[1].Value.ToString();
            int departmentID = int.Parse(dgvEmployeeInfo.CurrentCell.OwningRow.Cells[7].Value.ToString());
            BLL.Department bll = new BLL.Department();//实例化BLL层
            DataSet ds = newDataSet();
            strWhere = "DepartmentID = " + departmentID;//将部门ID作为条件
            ds = bll.GetList(strWhere);//根据条件获取部门信息
            txtDepartmentName.Text = ds.Tables[0].Rows[0][1].ToString();//根据部门ID查找部门名称
```

```csharp
        }

        private void btnReset_Click(object sender,EventArgs e)
        {
            txtEmployeeID.Text = "";
            txtEmployeeName.Text = "";
            txtDepartmentName.Text = "";
            txtCheckContent.Text = "";
            txtCheckResult.Text = "";
            txtCheckPeople.Text = "";
            txtRemarks.Text = "";
        }
    }
}
```

分析：

1. 调用 BLL 层的方法

(1) Add()：添加数据。

(2) GetList()：执行 SQL 语句，将结果存在 ds 中。

2. 关键代码

(1) Model.CheckInfo model = new Model.CheckInfo();//实例化 Model 层。

(2) BLL.CheckInfo bll = new BLL.CheckInfo();//实例化 BLL 层。

(3) if (bll.Add（model）>0) //将考核信息添加到数据库中，根据影响的行数判断是否添加成功。

(4) BLL.Employee bll = new BLL.Employee();//实例化 BLL 层。

(5) ds = bll.GetList();//执行 SQL 语句，将结果存在 ds 中。

(6) BLL.Department bll = new BLL.Department();//实例化 BLL 层。

(7) ds = bll.GetList（strWhere);//根据条件获取部门信息。

(8) txtDepartmentName.Text = ds.Tables[0].Rows[0][1].ToString();//根据部门 ID 查找部门名称。

3. 已完成工作

(1) 窗体控件属性设置。

(2) 考核信息的添加功能。

(3) 重置功能。

4. 待完善工作

(1) 文本框的输入规范检查。

(2) 异常处理。

(3) 将 DataGridView 的列标题显示为中文，代码如何修改？

(4) 要求考核人为本公司员工，代码如何修改？

5.4.12 管理考核功能模块设计

管理考核界面如图 5-65 所示。该界面的作用是管理考核信息。

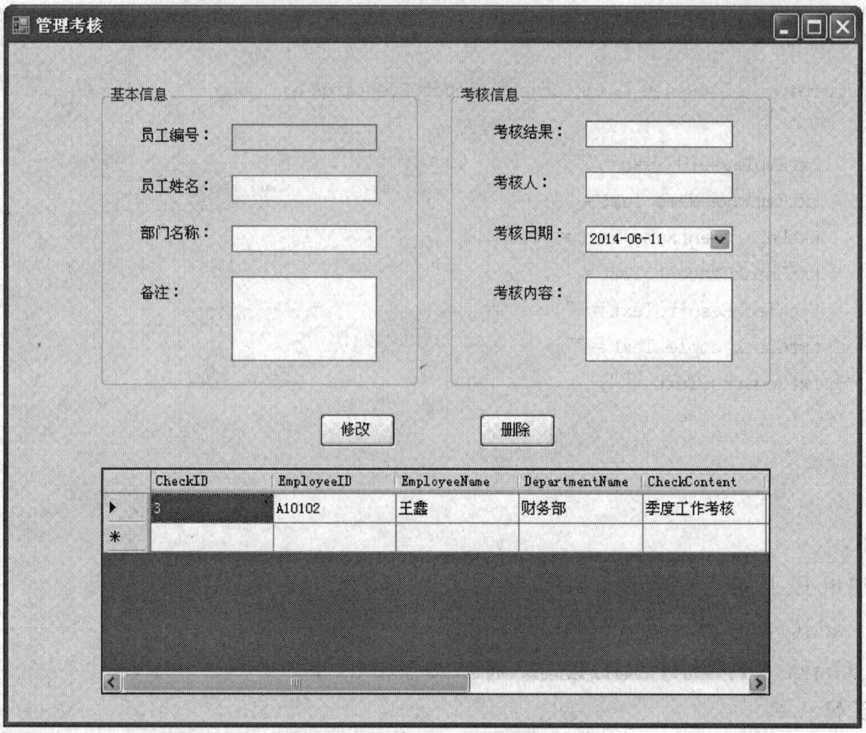

图 5-65 管理考核界面

1. 设计界面

管理考核界面使用控件比较多，表 5-20 列出了主要控件的属性设置。

表 5-20 主要控件属性

控件类型	控件名称	主要属性设置	用途
TextBox	txtEmployeeID	Text 设置为空	输入员工编号
	txtEmplyeeName	Text 设置为空	输入员工姓名
	txtDepartmentName	Text 设置为空	输入部门名称
	txtRemarks	Text 设置为空	输入备注
	txtCheckResult	Text 设置为空	输入考核结果
	txtCheckPeople	Text 设置为空	输入考核人
	txtCheckContent	Text 设置为空	输入考核内容
DateTimePicker	dtpCheckDate		显示考核日期
Button	btnUpdate	Text 设置为"修改"	修改
	btnDelete	Text 设置为"删除"	删除
DataGridView	dgvCheckInfo	Size 设置为"545，179"	显示考核信息

2. 编写窗体代码

using System;

```csharp
using System.Collections.Generic;
using System.ComponentModel;
using System.Data;
using System.Drawing;
using System.Linq;
using System.Text;
using System.Windows.Forms;
using BLL;
using Model;

namespace HRManage
{
    public partial class CheckManage : Form
    {
        public CheckManage()
        {
            InitializeComponent();
        }
        int checkID;
        private void btnUpdate_Click(object sender, EventArgs e)
        {
            string strErr = "";
            if (txtEmployeeID.Text.Trim().Length = = 0)
            {
                strErr + = "员工编号不能为空!\\n";
            }
            if (txtEmployeeName.Text.Trim().Length = = 0)
            {
                strErr + = "员工姓名不能为空!\\n";
            }
            if (txtDepartmentName.Text.Trim().Length = = 0)
            {
                strErr + = "部门名称不能为空!\\n";
            }
            if (txtCheckContent.Text.Trim().Length = = 0)
            {
                strErr + = "考核内容不能为空!\\n";
            }
            if (txtCheckResult.Text.Trim().Length = = 0)
            {
                strErr + = "考核结果不能为空!\\n";
            }
            if (txtCheckPeople.Text.Trim().Length = = 0)
```

```csharp
        {
            strErr + = "考核人不能为空!\\n";
        }
        if (dtpCheckDate.Text.Trim().Length = = 0)
        {
            strErr + = "考核日期不能为空!\\n";
        }

        if (strErr ! = "")
        {
            MessageBox.Show(this, strErr);
            return;
        }
    string EmployeeID = txtEmployeeID.Text;
    string EmployeeName = txtEmployeeName.Text;
    string DepartmentName = txtDepartmentName.Text;
    string CheckContent = txtCheckContent.Text;
    string CheckResult = txtCheckResult.Text;
    string CheckPeople = txtCheckPeople.Text;
    DateTime CheckDate = DateTime.Parse(dtpCheckDate.Text);
    string Remarks = txtRemarks.Text;

    Model.CheckInfo model = new Model.CheckInfo();//实例化 Model 层
    model.CheckID = checkID;//checkID 值从 dgvCheckInfo 的 CellClick 事件取得
    model.EmployeeID = EmployeeID;
    model.EmployeeName = EmployeeName;
    model.DepartmentName = DepartmentName;
    model.CheckContent = CheckContent;
    model.CheckResult = CheckResult;
    model.CheckPeople = CheckPeople;
    model.CheckDate = CheckDate;
    model.Remarks = Remarks;
    BLL.CheckInfo bll = new BLL.CheckInfo();//实例化 BLL 层

    if (bll.Update(model) = = true)//根据返回布尔值判断是否修改数据成功
    {
        MessageBox.Show("考核信息修改成功");
        DataBind();//刷新 DataGridView 数据
    }
    else
    {
        MessageBox.Show("考核信息修改失败");
    }
```

```csharp
        }

        private void btnDelete_Click(object sender, EventArgs e)
        {
            BLL.CheckInfo bll = new BLL.CheckInfo();//实例化 BLL 层
            if (bll.Delete(checkID) == true)//根据返回布尔值判断是否删除数据成功
            {
                MessageBox.Show("考核信息删除成功!","成功提示",MessageBoxButtons.OK,MessageBoxIcon.Information);
                DataBind();//刷新 DataGridView 数据
            }
            else
            {
                MessageBox.Show("考核信息删除失败!","错误提示",MessageBoxButtons.OK,MessageBoxIcon.Error);
            }
        }

        public void DataBind()//定义一个函数用于绑定数据到 DataGridView
        {
            BLL.CheckInfo bll = new BLL.CheckInfo();//实例化 BLL 层
            DataSet ds = newDataSet();
            ds = bll.GetList();//执行 SQL 语句,将结果存在 ds 中
            dgvCheckInfo.DataSource = ds.Tables[0];//将 ds 中的表作为 DataGridView 的数据源
        }

        private void CheckManage_Load(object sender,EventArgs e)
        {
            DataBind();//窗体登录时绑定数据到 DataGridView
        }

        private void dgvCheckInfo_CellClick(object sender,DataGridViewCellEventArgs e)
        {
            checkID = int.Parse(dgvCheckInfo.CurrentCell.OwningRow.Cells[0].Value.ToString());//获取考核编号
            txtEmployeeID.Text = dgvCheckInfo.CurrentCell.OwningRow.Cells[1].Value.ToString();
            txtEmployeeName.Text = dgvCheckInfo.CurrentCell.OwningRow.Cells[2].Value.ToString();
            txtDepartmentName.Text = dgvCheckInfo.CurrentCell.OwningRow.Cells[3].Value.ToString();
            txtCheckContent.Text = dgvCheckInfo.CurrentCell.OwningRow.Cells[4].Value.ToString();
            txtCheckResult.Text = dgvCheckInfo.CurrentCell.OwningRow.Cells[5].Value.ToString
```

```
();
            txtCheckPeople.Text = dgvCheckInfo.CurrentCell.OwningRow.Cells[6].Value.ToString
();
            dtpCheckDate.Text = dgvCheckInfo.CurrentCell.OwningRow.Cells[7].Value.ToString();
            txtRemarks.Text = dgvCheckInfo.CurrentCell.OwningRow.Cells[8].Value.ToString();
        }
    }
}
```

分析：

1. 调用 BLL 层的方法

（1）Update()：修改数据。

（2）Delete()：删除数据。

（3）GetList()：执行 SQL 语句，将结果存在 ds 中。

2. 关键代码

（1）int checkID;定义考核编号。

（2）Model.CheckInfo model = new Model.CheckInfo();//实例化 Model 层。

（3）model.CheckID = checkID;//checkID 值从 dgvCheckInfo 的 CellClick 事件取得。

（4）BLL.CheckInfo bll = new BLL.CheckInfo();//实例化 BLL 层。

（5）if (bll.Update (model) == true) //根据返回布尔值判断是否修改数据成功。

（6）if (bll.Delete (checkID) == true) //根据返回布尔值判断是否删除数据成功。

（7）DataBind();//刷新 DataGridView 数据。

（8）ds = bll.GetList();//执行 SQL 语句，将结果存在 ds 中。

（9）checkID = int.Parse (dgvCheckInfo.CurrentCell.OwningRow.Cells [0].Value.ToString());//获取考核编号。

3. 已完成工作

（1）窗体控件属性设置。

（2）修改考核信息功能。

（3）删除考核信息功能。

4. 待完善工作

（1）文本框的输入规范检查。

（2）异常处理。

（3）没有在控件 dgvCheckInfo 中选择考核信息时，单击"删除"按钮会报错，代码如何修改？

（4）将 DataGridView 的列标题显示为中文，代码如何修改？

5.4.13 员工查询功能模块设计

员工查询界面如图 5-66 所示。该界面的作用是查询员工信息。

1. 设计界面

员工查询界面所用主要控件如表 5-21 所示。

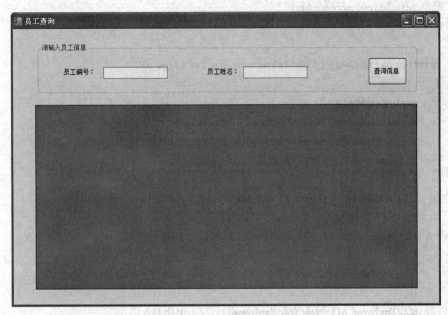

图 5-66 员工查询界面

表 5-21 主要控件属性

控件类型	控件名称	主要属性设置	用途
TextBox	txtEmployeeID	Text 设置为空	输入员工编号
	txtEmployeeName	Text 设置为空	输入员工姓名
Button	btnSearch	Text 设置为"查询信息"	查询信息
DataGridView	dgvEmployeeInfo	Size 设置为"710，290"	显示员工信息

2. 编写窗体代码

```
using System;
using System.Collections.Generic;
using System.ComponentModel;
using System.Data;
using System.Drawing;
using System.Linq;
using System.Text;
using System.Windows.Forms;

namespace HRManage
{
    public partial classEmployeeSearch : Form
    {
        public EmployeeSearch()
        {
```

```csharp
            InitializeComponent();
        }

        private void btnSearch_Click(object sender,EventArgs e)
        {
            string strWhere = "1 = 1";
            string employeeID = txtEmployeeID.Text.Trim();
            string employeeName = txtEmployeeName.Text.Trim();
            if (employeeID != "")//判断员工编号是否为空
            {
                strWhere = strWhere + " and EmployeeID like '" + employeeID + "'";
            }
            if (employeeName != "")//判断员工姓名是否为空
            {
                strWhere = strWhere + " and EmployeeName like '" + employeeName + "'";
            }
            BLL.Employee bll = new BLL.Employee(); //实例化 BLL 层
            DataSet ds = newDataSet();
            ds = bll.GetList(strWhere);//执行带参数 SQL 语句,将结果存在 ds 中
            dgvEmployeeInfo.DataSource = ds.Tables[0];//将 ds 中的表作为 DataGridView 的数据源
        }
    }
}
```

分析：

1. 调用 BLL 层的方法

GetList（strWhere）：执行带参数 SQL 语句，将结果存在 ds 中。

2. 关键代码

（1） string strWhere="1=1";//设置初始查询条件，当用户没有输入任何查询信息时，将所有信息查询出来。

（2） BLL.Employee bll = new BLL.Employee();//实例化 BLL 层。

（3） ds = bll.GetList（strWhere）;//执行带参数 SQL 语句，将结果存在 ds 中。

3. 已完成工作

（1）窗体控件属性设置。

（2）员工信息查询。

4. 待完善工作

（1）异常处理。

（2）将 DataGridView 的列标题显示为中文，代码如何修改？

5.4.14 考核查询功能模块设计

考核查询界面如图 5-67 所示。该界面的作用是查询考核信息。

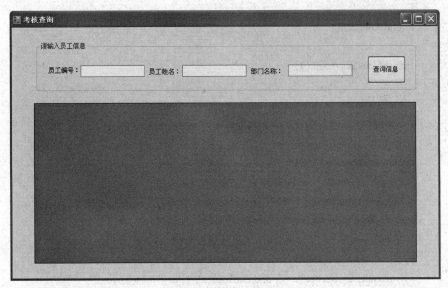

图 5-67　考核查询界面

1. 设计界面

考核查询界面所用主要控件如表 5-22 所示。

表 5-22　主要控件属性

控件类型	控件名称	主要属性设置	用途
TextBox	txtEmployeeID	Text 设置为空	输入员工编号
	txtEmplyeeName	Text 设置为空	输入员工姓名
	txtDepartmentName	Text 设置为空	输入部门名称
Button	btnSearch	Text 设置为"查询信息"	查询信息
DataGridView	dgvCheckInfo	Size 设置为"710，290"	显示考核信息

2. 编写窗体代码

```
using System;
using System.Collections.Generic;
using System.ComponentModel;
using System.Data;
using System.Drawing;
using System.Linq;
using System.Text;
using System.Windows.Forms;
using BLL;
using Model;

namespace HRManage
{
    public partial class CheckSearch : Form
```

```
{
    public CheckSearch()
    {
        InitializeComponent();
    }

    private void btnSearch_Click(object sender,EventArgs e)
    {
        string strWhere = "1 = 1";
        string employeeID = txtEmployeeID.Text.Trim();
        string employeeName = txtEmplyeeName.Text.Trim();
        string departmentName = txtDepartmentName.Text.Trim();
        if (employeeID != "")//判断员工编号是否为空
        {
            strWhere = strWhere + " and EmployeeID like '" + employeeID + "'";
        }
        if (employeeName != "")//判断员工姓名是否为空
        {
            strWhere = strWhere + " and EmployeeName like '" + employeeName + "'";
        }
        if (departmentName != "")//判断部门名称是否为空
        {
            strWhere = strWhere + " and DepartmentName like '" + departmentName + "'";
        }
        BLL.CheckInfo bll = new BLL.CheckInfo();//实例化BLL层
        DataSet ds = newDataSet();
        ds = bll.GetList(strWhere);//执行带参数SQL语句,将结果存在ds中
        dgvCheckInfo.DataSource = ds.Tables[0];//将ds中的表作为DataGridView的数据源
    }
}
```

分析:

1. 调用BLL层的方法

GetList (strWhere): 执行带参数SQL语句,将结果存在ds中。

2. 关键代码

(1) string strWhere="1=1";//设置初始查询条件,当用户没有输入任何查询信息时,将所有信息查询出来。

(2) BLL.CheckInfo bll = new BLL.CheckInfo();//实例化BLL层。

(3) ds = bll.GetList (strWhere);//执行带参数SQL语句,将结果存在ds中。

3. 已完成工作

(1) 窗体控件属性设置。

(2) 考核信息查询。
4. 待完善工作
(1) 异常处理。
(2) 将 DataGridView 的列标题显示为中文，代码如何修改？

任务 5.5　功能拓展

对于初学者，要基于三层架构开发系统，有一定的难度，但如果真正理解了分层的思想，开发系统将变得较为简单。读者学会 WinForm 的三层架构开发，能为今后学习 ASP.NET 打下坚实的基础。

5.5.1　功能总结

企业人事工资管理系统基于三层架构开发，另外添加了一个 Model 层，用于存放实体类。整个解决方案包括 4 个项目：Model、DAL、BLL 和 HRManage。

Model 层包括 5 个类：Check.cs、Department.cs、Employee.cs、Salary.cs 和 UserInfo.cs。

DAL 层包括 6 个类：Check.cs、Department.cs、Employee.cs、Salary.cs、UserInfo.cs 和 DbHelperSQL.cs。

BLL 层包括 5 个类：Check.cs、Department.cs、Employee.cs、Salary.cs 和 UserInfo.cs。

表示层 HRManage 包括 14 个窗体，如表 5-23 所示。

表 5-23　窗体说明

窗体名称	说　　明
CheckAdd	添加考核
CheckManage	管理考核
CheckSearch	考核查询
DepartmentAdd	添加部门
DepartmentManage	管理部门
EmployeeAdd	添加员工
EmployeeManage	管理员工
EmployeeSearch	员工查询
HRManage	主窗体
Login	登录
SalaryAdd	添加工资
SalaryManage	管理工资
UserAdd	添加用户
UserManage	管理用户

5.5.2　功能拓展

本项目完成了整个企业人事工资管理系统的设计，但其功能还有许多不足之处，和同类商业软件相比有很大差距，需要读者对系统功能进行拓展。下面列出几个可以拓展的方面：
(1) 员工工资查询，能够分月、分年统计。
(2) 如果员工信息被删除，但工资信息、考核信息还在，如何处理？
(3) 重新设计主界面，将员工的基本信息在主界面显示，以便管理。
(4) 针对不同的用户，给予不同的系统管理权限。
(5) 增加一个数据库备份和还原功能模块。

项目 6　软件项目实训

> **项目知识目标**
> - 熟悉系统开发的过程
> - 掌握系统开发的方法
> - 掌握系统开发中的程序调试方法

> **项目能力目标**
> - 能够独立对系统进行整体规划
> - 能够独立开发小型系统
> - 能够团队合作开发中型系统

本项目要求读者进行软件项目实训，要求读者将已学习的知识应用到实践中。根据学习进度，如果学过基于三层架构的系统开发，可以基于三层架构开发下面待选题目中的一个或者多个。

题目 1　学生宿舍管理系统设计

1. 系统主要功能分析

本系统用于对学生宿舍进行管理，应达到以下目标：
(1) 能够对学生基本情况进行有效登记。
(2) 能够对学生住宿情况进行基本登记。
(3) 能够对来访人员进行管理。
(4) 能够对宿舍情况进行有效管理。
(5) 能够对学生在校期间贵重物品、出入宿舍楼的情况进行详细登记。
(6) 能够对输入的数据进行严格检验，尽可能地避免人为输入错误。
(7) 系统界面美观、友好。
(8) 系统拥有易操作性和易维护性。

2. 系统功能模块

根据系统主要功能分析，系统的参考功能模块如图 6-1 所示。

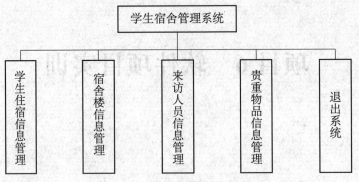

图 6-1 学生宿舍管理系统功能模块

题目 2　企业设备管理系统设计

1. 系统主要功能分析

本系统用于对企业设备进行管理，应达到以下目标：
（1）能够对设备基本信息进行有效的管理。
（2）能够对设备代码信息进行有效的管理。
（3）能够对设备采购信息进行有效的管理。
（4）能够对设备维护信息进行有效的管理。
（5）能够对设备报废信息进行有效的管理。
（6）能够对输入的数据进行严格检验，尽可能地避免人为输入错误。
（7）系统界面美观、友好。
（8）系统拥有易操作性和易维护性。

2. 系统功能设计

根据系统主要功能分析，系统的参考功能模块如图 6-2 所示。

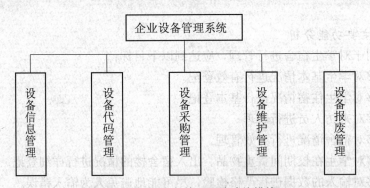

图 6-2　企业设备管理系统功能模块

题目3 小区物业管理系统设计

1. 系统主要功能分析

本系统用于对小区物业进行管理，应达到以下目标：
(1) 能够对住户信息进行有效的管理。
(2) 能够对投诉信息进行有效的管理。
(3) 能够对报修信息进行有效的管理。
(4) 能够对物业缴费情况进行有效的管理。
(5) 能够对住户停车位进行有效的管理。
(6) 能够对输入的数据进行严格检验，尽可能地避免人为输入错误。
(7) 系统界面美观、友好。
(8) 系统拥有易操作性和易维护性。

2. 系统功能设计

根据系统主要功能分析，系统的参考功能模块如图6-3所示。

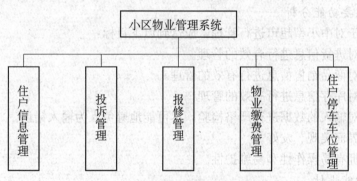

图6-3 小区物业管理系统功能模块

题目4 药品管理系统设计

1. 系统主要功能分析

本系统用于对药品进行管理，应达到以下目标：
(1) 能够对药品基本信息进行登记。
(2) 能够对新药的入库情况进行管理。
(3) 能够对过期药品进行出库登记和处理情况记录。
(4) 能够对药品采购进行登记。
(5) 能够对药品供货商进行信息登记。
(6) 能够对药品和采购商进行有效查询。
(7) 系统界面美观、友好。
(8) 系统拥有易操作性和易维护性。

2. 系统功能设计

根据系统主要功能分析，系统的参考功能模块如图 6-4 所示。

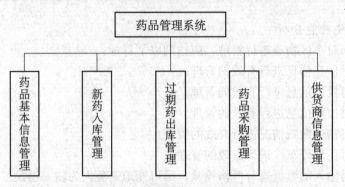

图 6-4　药品管理系统功能模块

题目 5　超市进销存管理系统设计

1. 系统主要功能分析

本系统用于对中小型超市进行管理，应达到以下目标：

（1）能够对进货信息进行有效的管理。
（2）能够对商品销售信息进行有效的管理。
（3）能够对库存信息进行有效的管理。
（4）能够对输入的数据进行严格检验，尽可能地避免人为输入错误。
（5）系统界面美观、友好。
（6）系统拥有易操作性和易维护性。

2. 系统功能设计

根据系统主要功能分析，系统的参考功能模块如图 6-5 所示。

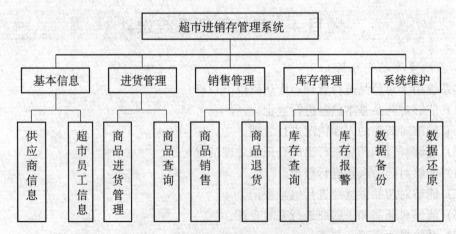

图 6-5　超市进销存管理系统功能模块

参 考 文 献

[1] http://msdn.microsoft.com/zh-cn/library
[2] 明日科技．C#项目案例分析．北京：清华大学出版社，2012
[3] 郑伟．Visual C#程序设计项目案例教程．北京：清华大学出版社，2011
[4] 谭恒松．C#程序设计与开发．北京：清华大学出版社，2010
[5] 邵顺增，李琳．C#程序设计——Windows项目开发．北京：清华大学出版社，2008
[6] 唐政，房大伟．C#项目开发全程实录．北京：清华大学出版社，2008
[7] 曾建华．Visual Studio 2010（C#）Windows数据库项目开发．北京：电子工业出版社，2012

参考文献

[1] http://msdn.microsoft.com/zh-cn/library
[2] 明日科技. C#从入门到精通. 北京：清华大学出版社，2012
[3] 张跃廷. Visual C#开发技术向日葵宝典. 北京：清华大学出版社，2011
[4] 郑阿奇. C#程序设计教程. 北京：清华大学出版社，2010
[5] 郑阿奇，李骏. C#程序设计. ——Windows项目方案. 北京：清华大学出版社，2009
[6] 刘艺，沈大林. C#项目开发全程实录. 北京：清华大学出版社，2008
[7] 曾生华. Visual Studio 2010（C#）Windows数据库项目开发. 北京：电子工业出版社，2012